Heide Bergmann • Jutta Schneider

Gartenspaß für Kinder

HEIDE BERGMANN

Gartenspaß für Kinder

FOTOS: JUTTA SCHNEIDER, MICHAEL WILL

Inhaltsverzeichnis

Seite 48

Den Garten entdecken und erleben

Seite 88

Spiel und Spaß im Garten

Seite 120

Den Garten in Schuss halten

Ein Garten für die ganze Familie

Der Garten ist für alle da! Mit geschickter Planung, optimaler Nutzung und pfiffigen Ideen wächst selbst der kleinste grüne Fleck über sich hinaus und entwickelt sich zum wahren Multitalent: flexibel, belastbar und vielseitig.
So hat die ganze Familie draußen Spaß: beim Spielen, Toben und Gärtnern oder einfach nur beim Relaxen am Feierabend.

Jedem das Seine

Die Nähe zur Natur genießen, ein Fleckchen Erde bepflanzen, die Seele baumeln lassen, spielen, toben und gemeinsam Feste feiern – das alles und noch viel mehr ist reinstes Gartenglück. Lassen Sie auf einem »grünen« Wunschzettel Ihrer Fantasie freien Lauf.

Jeder Garten, und sei er noch so klein, ist ein Stückchen Paradies. Wie man es nutzt, hängt ganz von den individuellen Vorstellungen und Ansprüchen ab. Für Kinder ist der Garten ein Freiraum im besonderen Sinn. Hier können sie ihre Fantasie, ihren Forschergeist und ihren Bewegungsdrang ausleben. Für Erwachsene hat der Garten oft eine ganz andere Bedeutung. Als Wohnzimmer im Grünen wird er zur entspannenden Oase oder dient ganz pragmatisch der Versorgung mit selbst angebautem Obst oder Gemüse. So verschieden die Ansprüche der einzelnen Familienmitglieder sind: Sie lassen sich leichter auf einen Nenner bringen, als man denkt. Auf nette Ideen kommt man z. B. als Zaungast bei einem Spaziergang durchs Viertel, einer Gartenmesse oder auf der Landesgartenschau. Auch Gartenbücher und Zeitschriften sind wahre Fundgruben für gelungene Gestaltungsbeispiele.

Spaß für Groß und Klein

Der Spiel- und Bewegungsdrang von Kindern ist enorm. Sie wollen Ball spielen, rennen, hüpfen, Dreirad fahren, sich balgen und herumtoben. Den nötigen Platz und Freiraum bieten schon eine einfache Rasenfläche oder ein Garagenvorplatz. Pflanzen und Tiere wecken die kindliche Neugier. Dabei entwickeln die Kleinen ein Gefühl für Jahreszeiten und natürliche Abläufe. Mit einem eigenen Beet, einem kleinen Biotop und im Umgang mit den Elementen Wasser, Erde, Feuer und Luft kann man wichtige Erfahrungen sammeln. Beim Buddeln und Graben mit Sand und Matsch sind Kinder ganz in ihrem Element, wobei die dabei entstehenden Pfützen und Löcher im Garten nicht immer zwangsläufig den ästhetischen Vorstellungen der Eltern entsprechen. Die Großen stört dabei nicht nur der optische Eindruck. Sie ahnen schon die Konsequenzen für den empfindlichen Rasen oder ärgern sich über kleine Steinchen, die dem Rasenmäher den Garaus machen. Beim Fußballspiel der jungen Wilden bangen sie um die liebevoll hochgepäppelten Pflanzen oder die teuren Terrakottatöpfe auf der Terrasse.

Gegenseitige Rücksichtnahme ist natürlich wichtig, aber nicht das Wesentliche im Familiengarten. Jeder sollte sich auf seine Weise ungestört entspannen können. Die Eltern freuen sich auf einen erholsamen Feierabend im Liegestuhl oder das Werkeln im Beet zum Ausgleich für einen anstrengenden Arbeitstag. Kinder leben ihre Energien beim Klettern, Hangeln, Balancieren und Schaukeln aus und sind immer auf der Suche nach einem

In einer eigenen Hütte oder einem Baumhaus bleiben Kinder unter sich und verbringen ungestört ganze Nachmittage ins Spiel versunken.

Erholung im Garten ist für die Großen ein idealer Ausgleich zum hektischen Alltag.

Hauch von Abenteuer. Durch geschickte Planung und sinnvolle Einteilung in verschiedene Räume (→ Seite 14–19) bietet aber selbst ein kleiner Garten ausreichend Entfaltungsmöglichkeiten, so dass alle auf ihre Kosten kommen.

Unter einem Hut

Neben unterschiedlichen Ansprüchen gibt es natürlich auch eine ganze Reihe von übereinstimmenden Interessen. Ein Gemüsebeet oder ein Gartenteich z. B. ist für Groß und Klein gleichermaßen attraktiv. Hier können Kinder und Erwachsene den Garten mit allen Sinnen genießen. Die ersten reifen Tomaten, der Duft von Kräutern, das Beet mit Salaten, Radieschen und Beerensträuchern ist für alle ein Genuss. Eine blühende Wiese lädt ein, gemeinsam auf Entdeckungstour zu gehen. Libellen im Jagdflug über dem Wasser, Schmetterlingsraupen an der Brennnessel, eine brütende Amsel im Gebüsch oder ein Frosch auf der Hand sind eindrückliche Naturerlebnisse für jedes Alter.

Selbst ein ausgeprägtes Ruhebedürfnis ist zuweilen auf beiden Seiten vorhanden: Dann werden Hängematte oder Liegestuhl schnell zur Mangelware. Auch einen gemütlichen Sitzplatz für gemeinsame Spiele, Mahlzeiten und Feiern im Kreis der Familie halten sicher alle für unverzichtbar.

Der Garten wächst mit

Beim Abwägen der Interessen sollte man immer daran denken, dass ein Familiengarten nicht statisch ist. Er wandelt sich ständig und ist nie vollkommen, lässt sich aber immer an die jeweilige Situation anpassen (s. u.). Auch der Stellenwert eines Gartens ändert sich, wenn Kinder ins Spiel kommen. Das heißt nicht, dass man mit der Rosenzucht warten muss, bis die Kinder groß sind. Umgekehrt sollte man sich bei der Planung aber auch klar machen, dass der Nachwuchs nicht immer klein bleibt.
Planen und investieren Sie nach aktuellem Bedarf, wobei das Teuerste nicht immer auch das Beste sein muss. Fantasievolle Lösungen entwickeln Kinder meist von selbst, da gilt eher der Grundsatz: Der Weg ist das Ziel – und der eingeschränkte Spielraum von Standardspielgeräten im Bausatz erfüllt diese Möglichkeit oft nur begrenzt.

Vielseitige Nutzung

Ein Familiengarten ist multifunktional. Durch Mehrfachnutzung können einzelne Gartenelemente gleich mehrere unterschiedliche Funktionen erfüllen. Ein Apfel- oder Kirschbaum liefert nicht nur leckeres Obst, in seinem Geäst lässt sich auch prima klettern, und sein dichtes Laub spendet Schatten für den Liegestuhl. Eine Feuerstelle ist nicht nur Mittelpunkt auf jeder Gartenparty, sondern sorgt auch beim Indianerspiel für die richtige Atmosphäre. Auf einer Rasenfläche kann man nicht nur Ball spielen, sondern auch einen Wäscheständer platzieren, Zirkusnummern einstudieren oder ein Zelt für Besucher aufstellen, wenn es in der Wohnung eng wird. Manche Bereiche kann man später, wenn die Kinder größer sind, einfach umwidmen. Die Sandgrube z. B. lässt sich mit wenig Aufwand zu einem Teich oder in einen kleinen Steingarten umwandeln. Der Platz mit Schaukel und Klettergerüst wird zu einem Sitzplatz mit Pergola umfunktioniert, und die Rasenfläche entwickelt sich mit der Zeit ganz von allein zur wilden Blumenwiese.

Was ist machbar?

Angesichts der vorhandenen Flächengröße stoßen die kühnen Träume oft sehr schnell an ihre Grenzen, und nicht alle Wünsche lassen sich problemlos realisieren. Auch kann man nicht immer so viel Zeit oder Geld in seinen Garten investieren, wie man gerne möchte. Setzen Sie Prioritäten und überlegen Sie, was Sie selber machen können und wo Sie besser Hilfe in Anspruch nehmen.
Um Konflikte zu vermeiden, sollten Sie als Mieter oder Pächter eines Gartens bei einschneidenden Veränderungen die Genehmigung des Eigentümers einholen, und auch als Besitzer können Sie sich nicht bedenkenlos über nachbarschaftliche Interessen oder behördliche Vorschriften hinwegsetzen (→ Seite 14/15). Beziehen Sie Ihre Nachbarn schon im Vorfeld in Ihre Pläne ein, sofern Sie davon betroffen sind, und informieren Sie sich rechtzeitig über Rechte und Pflichten als Eigentümer.

Klettern und kraxeln

Beim Kraxeln, Kriechen und Springen erobern Kinder Schritt für Schritt die Welt. Sie werden sicher in ihren Bewegungen und vermeiden so unsanfte Landungen. Schon ein liegender Baumstamm, ein paar Quadersteine oder eine Mauer reichen den »jungen Wilden« zum Springen und Balancieren. Strickleitern und Kletterseile begeistern vor allem kleine Klettermaxen. Im Fall des Falles garantieren spezielle Schutzmatten, eine Sandfläche oder eine hohe Schicht Rindenmulch eine weiche Landung. Das schönste Klettererlebnis aber bietet ein stattlicher Baum mit starken Seitenästen und einer ausladenden Krone.

Hier ist was los: die

Versteck spielen

Kinder sind gern unter sich. Verwunschene Ecken, abgeschirmt durch Sträucher und Hecken, üben eine magische Anziehungskraft aus und beflügeln die Fantasie. Bäume mit ausladenden Kronen und dichte Sträucher formen auf natürliche Weise Höhlen und Tunnels. Ist im Garten nicht genügend Platz für ein Spielgebüsch, kann man mit Rankpflanzen geschützte Bereiche schaffen, z.B. eine Laube oder ein Bohnenzelt (→ Seite 74–77). Reizvoll sind auch Weidenhäuser und -tunnel (→ Seite 80/81). Selbst kleine Hütten und Zelte aus Karton und alten Vorhängen bieten schon ausreichend Rückzugsmöglichkeiten.

Freiraum nutzen

Für Bewegung braucht man Platz. Eine geräumige Freifläche sollte man daher unbedingt auf jedem Grundstück einplanen. Zum Bolzen, Toben und Turnen ist ein strapazierfähiger Spiel- und Sportrasen ideal. Für »Rollenspiele« mit Inline-Skates, Rädern oder auch für Tischtennis- oder Basketballturniere wird die Garagenzufahrt zweckentfremdet, denn der Untergrund sollte eben und möglichst asphaltiert sein. Gepflasterte Gartenwege oder eine geräumige Terrasse bieten zwar nur einen eingeschränkten Radius, aber zum Dreiradfahren und für eine Runde mit dem Puppenwagen eignen sie sich allemal.

Bauen & buddeln

Beim Graben, Sandeln und Schaufeln sind Kinder in ihrem Element. Den ganz Kleinen reicht ein einfacher Sandkasten mit randlicher Sitzfläche, der nicht viel Platz braucht und in der Nähe der Terrasse platziert werden kann. Es gibt Fertig-Bausätze mit integriertem Sonnendach, das sich auch als Schutzabdeckung verwenden lässt. Zum Dorado für die etwas Großeren wird eine Sandgrube, die durch Sträucher abgeschirmt sein kann. Hier dürfen die kleinen Baumeister nach Herzenslust ganze Landschaften formen, Wassergräben anlegen, mit Steinen, Holz und Lehm experimentieren oder Rohre verlegen.

ighlights im Garten

Selber gärtnern

Bei der Gartenarbeit erleben Kinder die Natur mit allen Sinnen. In einem selbst angelegten Beet können sie beobachten, wie aus kleinen Samenkörnern große Pflanzen werden, und eigenes Obst und Gemüse ernten. Robuste, schnell wachsende Gewächse sind ideal für erste Erfolgserlebnisse im grünen Bereich. Bunte Sommerblumen, Giganten im Gemüsebeet, Duftpflanzen und würzige Kräuter regen die Sinne an. Für ein Kinderbeet reicht schon eine kleine Ecke im Küchengarten oder in einer Blumenrabatte. Mit etwas Rat und Tat von den Eltern gedeiht bald alles prächtig.

Gemeinsam genießen

Ob beim Grillabend oder in der Spielerunde: Ein gemütlicher Sitzplatz auf der Terrasse, unter einer Pergola oder an der geschützten Hauswand wird zum unverzichtbaren Stützpunkt für die ganze Familie. Unter einem Sonnenschirm in der Nähe duftender Kletter- oder Kübelpflanzen lässt es sich wunderbar ausspannen. Für kleine Kinder gibt es sogar eigene Mini-Sitzgarnituren. So wird das grüne Wohnzimmer zum Mittelpunkt im Garten. Mit einem strapazierfähigen Bodenbelag aus Holz oder Steinplatten und witterungsbeständigen und bequemen Gartenmöbeln hält die Freude lange an.

Schwung holen

Zwischen Himmel und Erde schweben, mit dem Windhauch um die Nase und einem Kribbeln im Bauch – das fasziniert schon von klein auf. Eine Schaukel darf deshalb in keinem Familiengarten fehlen. Seile mit Sitztellern, ausrangierte Autoreifen, Hängestühle, Körbe oder Hängematten tun es auch. Achten Sie dabei auf Sicherheit: eine stabile Aufhängung an einem speziellen Schaukelgerüst, einem Holzbalken oder einem starken Ast, einen weichen Untergrund aus Rasen, Rindenmulch oder Fallschutzmatten und einen ausreichenden Sicherheitsabstand für grenzenlose Höhenflüge.

Hier ist was los: die

Auf dem Rasen toben

Kaum ein Bereich wird so vielseitig genutzt wie der Rasen. Barfuß laufen, Fußball spielen, sonnenbaden, Feste feiern und campen macht auf dem weichen grünen Teppich noch mal so viel Spaß. Der »Evergreen« verleiht dem Garten Struktur und bringt Blumenrabatten und Gehölze erst so richtig zur Geltung. Bunt und abwechslungsreich wird die grüne Fläche durch Blumenzwiebeln oder Inseln und Randstreifen mit Wiesenblumen. Regelmäßiges Mähen sorgt für eine dichte Grasnarbe, und das anfallende Schnittgut lässt sich als Mulchabdeckung auf den Beeten oder ganz einfach zum Spielen verwenden.

Naschen und ernten

Nichts geht über süße Früchte aus dem eigenen Garten, vor allem wenn man sie frisch vom Strauch oder Beet pflückt. Um Naschpflanzen anzubauen, reicht schon ein kleines Beet. Salat, Zucchini und Tomaten, aber auch Erdbeeren gedeihen sogar in Töpfen und Kübeln auf der Terrasse. Leckere Früchte sollten für Kinderhände gut und gefahrlos erreichbar sein. Wählen Sie daher stachellose Beerensträucher, Halbstamm- und Spindelobstbäumchen. Spalierobst an der Hauswand ist für kleine Gärten ideal. Wenn der Garten groß genug ist, ist ein Kirsch- oder Apfelbaum die Attraktion.

Funken sprühen

Feuer wärmt und fasziniert. Gemeinsam um ein knisterndes Lagerfeuer zu sitzen, ist ein uraltes menschliches Bedürfnis, und nicht nur Familienväter sind beim Zündeln, Grillen und Stockbrotbacken in ihrem Element. Kinder sollten erste Erfahrungen mit den Flammen machen, den Umgang mit offenem Feuer aber nur unter Aufsicht lernen. Sichern Sie die Feuerstelle ausreichend ab, z. B. ringsum mit Steinen. Auf der Terrasse tut es auch ein so genannter Feuerkorb aus Eisen. Vor dem Anzünden ist es ratsam sich zu erkundigen, wie der Umgang mit offenem Feuer im Nachbarschaftsrecht Ihrer Kommune geregelt ist.

Highlights im Garten

Lupenrein beobachten

In einem naturnahen Garten können Kinder viel über heimische Tiere und Pflanzen lernen. Dazu muss man nicht unbedingt auf dem Land wohnen. Auch in kleinen Stadtgärten gibt es Singvögel, Schmetterlinge, Marienkäfer, Libellen und Igel. Mit heimischen Pflanzen und naturnaher Pflege kann man beste Voraussetzungen dafür schaffen. Wildsträucher mit Beeren, Wiesenblumen und Pflanzen, die Insekten anlocken (→ Seite 101), ein Baum mit Nistkasten, ein naturnaher Teich, ungenutztes Brachland und ein Komposthaufen bieten großen und kleinen Tieren und Insekten Schutz und Nahrung.

Spritz-Touren machen

An einem heißen Tag gibt es nichts Herrlicheres als eine erfrischende Abkühlung unter dem Gartenschlauch oder einen beherzten Sprung ins Plantschbecken. Mit einem Rasensprenger und einem Sortiment an Wannen, Pumpen, Gießkannen, Eimern, Rutschfolien oder Rohren kann man Kinder im Sommer sehr leicht glücklich machen. Ein Gartenteich bietet spannende Entdeckungen und wird für kleine Forscher garantiert zum Mittelpunkt im grünen Reich. Für die ganz Kleinen ist er allerdings zu gefährlich. Ihnen bietet ein Mini-Teich im Zuber die Wasserwelt im Kleinformat.

Alles nach Plan

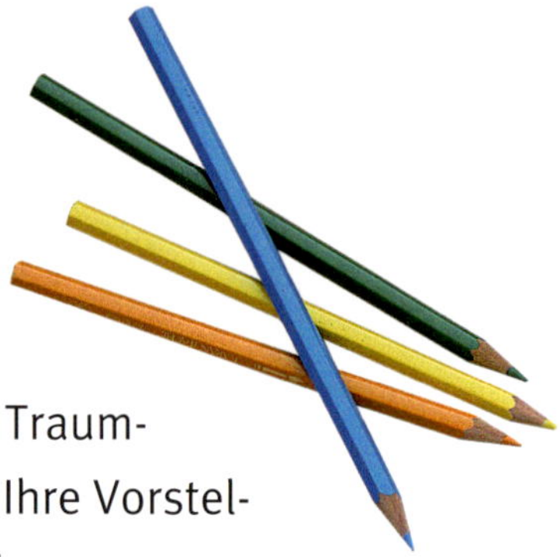

Mit dem Einzug ins Haus oder dem Kauf der Wohnung ist der ersehnte Traumgarten in greifbare Nähe gerückt. Jetzt kann es losgehen! Stimmen Sie Ihre Vorstellungen mit den Gegebenheiten ab und teilen Sie den Garten sinnvoll ein.

Ob bei der Neuanlage oder bei der Umgestaltung eines Gartens – immer stellt sich die gleiche Frage: Wo fängt man an? Bei ziellosem Drauflosgärtnern ist die eine oder andere Fehlplanung kaum vermeidbar. Am besten machen Sie sich eine Liste mit allen wichtigen Punkten und bringen Ihre Pläne dann zu Papier.

Wunsch-Punsch

Wenn Sie schon einen Wunschzettel erstellt haben, ergänzen Sie ihn noch um notwendige Elemente wie Fahrradständer, Wäscheleine und Versorgungsleitungen, Müllbehälter, evtl. auch Regentonne, Hasenstall, Kompost und Geräteschuppen.
Nun fertigen Sie auf Millimeterpapier einen maßstabsgetreuen Plan, z. B. auf Grundlage des amtlichen Lageplans, den Sie entsprechend vergrößern. Am besten eignet sich ein Maßstab von 1:50, d. h. 1 cm auf dem Papier entsprechen 0,5 m auf dem Gelände. Bei einem großen Grundstück kann man vielleicht besser mit einem Maßstab von 1:100 planen und Details in einer Ausschnitt-Kopie entsprechend vergrößern. Halten Sie darauf schon bestehende Elemente fest: das Haus mit den Tür- und Fensteröffnungen, die Terrasse, das angrenzende Nachbargebäude, Stellplätze, Zufahrt und Mauern. Zeichnen Sie Strom- und Wasserleitungen sowie Brunnen oder Zisternen ein, ebenso bereits vorhandene Bäume und Sträucher. Ergänzen Sie die Himmelsrichtung und deuten Sie eine größere Hangneigung durch Pfeile an. Vielleicht möchten Ihre Kinder auch selbst einen Plan zeichnen oder ein Gartenmodell aus Knetmasse, Sand, Kieselsteinen, Moos und kleinen Ästen basteln.

Neuland betreten

Bei der weiteren Planung legt man das Grundgerüst der einzelnen Gartenbereiche mit Wegen, Gehölzen, Spiel- und Sitzflächen, Nutz- und Zierbereichen fest. Nach welchen Kriterien Sie dabei vorgehen, können Sie besser entscheiden, wenn Sie das Grundstück kennen. Lassen Sie es erst einmal auf sich wirken. Setzen Sie sich bei einem Rundgang mit einem Gartenstuhl an verschiedene Stellen. Nehmen Sie alles genau wahr: den Wind, das Licht und wohin der Blick fällt. Spüren Sie, wo Sie sich spontan wohl fühlen. Vielleicht gibt es geschützte

Ein Garten soll möglichst viele Bedürfnisse erfüllen. Wenn man ihn geschickt plant, gelingt es, verschiedene Nutzungen zu kombinieren, selbst auf kleiner Fläche.

In einer Fantasie-Werkstatt schmücken große und kleine Gartenarchitekten ihre Wünsche und Ideen mit viel Liebe zum Detail aus.

Stellen, die für einen Sitzplatz wie geschaffen sind. Welche Ausblicke bieten sich von der Terrasse, den Fenstern, der Tür aus? Gibt es einen Bereich, wo die Kinder am liebsten spielen? Berücksichtigen Sie auch die jahreszeitlichen Unterschiede. Stellen, die im Winter sonnig sind, können im Sommer durch ein dichtes Laubdach im Schatten liegen. Auch so manche Gartenschätze wie Narzissenteppiche oder Blumenstauden kommen erst im Lauf des Jahres zum Vorschein.
Die natürlichen Bedingungen wie Sonneneinstrahlung, Windverhältnisse und Geländeformen sind bei der Planung sehr wichtig. Erkundigen Sie sich bei Nachbarn oder ortsansässigen Gärtnereien auch nach den Bodenverhältnissen, oder machen Sie selbst einen Bodentest (→ Seite 36/37). So bringen Sie in Erfahrung, welche Pflanzen am besten auf dem Untergrund gedeihen.

Aus alt mach neu

Wenn Sie einen älteren Garten übernehmen, überlegen Sie gut, was Sie erhalten und was Sie verändern wollen. Gewachsene Beetstrukturen in alten Gärten sind sehr wertvoll. Dort befindet sich meist guter Gartenboden. Einen alten Obstbaum sollte man nicht vorschnell entfernen. Er gibt dem Garten Charakter und erfüllt viele Funktionen (→ Seite 9). Auch wenn einem manche Gehölze nicht gefallen: Bevor man eine eingewachsene Hecke oder einen alten Baum rodet, sollte man sich klar machen, wie lange eine Neupflanzung braucht, bis sie diese Größe wieder erreicht.

Kommt Zeit, kommt Rat

Es ist weder nötig noch immer möglich, alle Planungen gleich in die Tat umzusetzen. Steht die Grundstruktur mit der Geländeform, dem Verlauf von Wegen und der Lage von Sitzplätzen, Spielbereichen und Gehölzen fest, kann man sich mit dem Garteninventar, den Rabatten und Beeten Zeit lassen. Berücksichtigen Sie dabei die jeweiligen Standortbedingungen:

- Gemüsebeete brauchen einen sonnigen Platz mit humusreicher Erde.
- Den Sandkasten legt man am besten im Schatten an.
- Sitzplätze sollten wind- und sichtgeschützt sein.
- Auch für problematische Stellen gibt es Lösungen: An der flachgründigen Böschung kann man z. B. eine Trockenmauer anlegen, in der staunassen Senke einen Gartenteich.

Bevor Sie sich ans Werk machen, sind ein Zeitplan und eine Materialliste sinnvoll. Überlegen Sie, was Sie selber machen wollen und was Sie besser an eine Gartenbaufirma vergeben.

Um Platz und Kosten zu sparen, kann man sich mit den Nachbarn auf einen gemeinsamen Rasenplatz, eine Grillstelle oder einen Kompostbehälter verständigen. Erwägen Sie auch die gemeinsame Anschaffung teurer und nur selten benötigter Gartengeräte.

Rechtliche Fragen

Selbst als Eigentümer kann man nicht immer schalten und walten wie man will. Die Baumschutzverordnung der Gemeinde z. B. regelt genau, bis zu welcher Größe Gehölze ohne Genehmigung gefällt werden dürfen. Das Nachbarschaftsrecht legt fest, welche Abstände von Gehölzen zum Nachbargrundstück einzuhalten sind. Und größere Bauvorhaben müssen zuerst vom zuständigen Planungsamt genehmigt werden. Auch an Lärmschutz- und Feuerverordnungen sollte man sich halten, um unnötigen Ärger mit den Nachbarn zu vermeiden.

Garten(t)räume schaffen

Ihren Traumgarten zu gestalten ist gar nicht so schwer. Ein Griff in die Trickkiste der Gartenarchitekten hilft Ihnen dabei. Mit kreativem Know-how und etwas Fantasie entstehen abgegrenzte Bereiche mit ganz verschiedenen Nutzungsmöglichkeiten.

Ein Garten, der verschiedene Funktionen erfüllen soll, setzt sich aus einzelnen Bausteinen zusammen. Das sind Flächen und Räume, die unterschiedliche Aktivitäten erlauben oder bestimmte Themen haben. Sie werden durch Wege, Plätze und Durchgänge erschlossen und miteinander verbunden. Beete, Hecken oder Zäune grenzen sie sinnvoll voneinander ab. Damit die einzelnen Bestandteile nicht wild durcheinander gewürfelt wirken, braucht der Garten einen klaren, nach außen gesetzten Rahmen und ein Grundgerüst (→ Seite 14/15). Im Familiengarten bieten sich weiche, geschwungene Linien und unterschiedlich große, voneinander getrennte Bestandteile an, deren multifunktionale Nutzung (→ Seite 8/9) ihm einen bunten und abwechslungsreichen Charakter verleiht.

Die wichtigsten Gestaltungselemente im Garten sind einerseits horizontale und vertikale Strukturen wie Abgrenzungen in Form von Zäunen und Hecken, Wegen, Gehölzen, Gerüsten oder Findlingen und andererseits die Wirkung der vielfältigen Formen und Farben von Pflanzen.

Mit geschickter Auswahl und schön aufeinander abgestimmter Farbfolge zeigt sich das Blumenbeet ganzjährig in immer neuem kunterbuntem Blütenrausch.

Grenzen setzen

Ein Gefühl von Weite oder Geborgenheit im Garten entsteht schon durch die Wahl des Zaunes oder der Hecke, die den Garten umgibt. Eine dicht geschlossene Formhecke bietet ähnlich wie eine Steinmauer guten Wind- und Sichtschutz, eine abwechslungsreiche, lockere Pflanzung wirkt freundlich, und man sitzt auch hier nicht gleich auf dem Präsentierteller. Eine günstige und Platz sparende Variante für kleine Gärten sind Staketenzäune, die zum Gespräch über den Gartenzaun einladen. Nicht ganz so natürlich, aber auf Dauer haltbarer sind Maschendrahtzäune, die man gut mit einjährigen Kletterpflanzen begrünen kann. Damit oder mit etwas Wandfarbe kann man auch triste Mauern beleben (→ Seite 73).

Effektvolle Raumteiler

Im Familiengarten sind Abgrenzungen wichtig, z. B. um das Paradies zum Toben in Grenzen zu halten oder um einen Küchengarten vor Hund und Fußbällen zu schützen. Nach dem Motto »Aus den Augen, aus dem Sinn« kann man das Kinderreich z. B. hinter ein paar Wildsträuchern ansie-

Gut geplant ist halb gewonnen: So gehen im Familiengarten selbst auf kleinem Raum viele Wünsche in Erfüllung – zunächst einmal auf dem Papier.

deln. Dort können Kinder ungestört und ohne ständig zur Ordnung mahnende Eltern spielen. Man schlägt damit sogar zwei Fliegen mit einer Klappe: Kinder verstecken sich nämlich gern hinter Sträuchern, in verwunschenen Ecken und abgeschirmten Bereichen, wo sie dem Blick der Erwachsenen entzogen sind.

- Ein Weidenflechtzaun oder eine Hecke aus Ziergehölzen bilden sehr robuste, grüne Wände, mit denen Sie das Kinderreich wirkungsvoll vom übrigen Gelände abtrennen können.
- Ein Rankgerüst, ein Torbogen oder eine Pergola mit Rosen, Clematis oder Hopfen erweisen sich als blühende Raumteiler für kleine Separees oder einen Sitzplatz.
- Eine Steinböschung mit Trockenheit und Wärme liebenden Pflanzen verleiht dem Garten mediterranes Flair. Wenn in den Fugen und auf der Krone Thymian und Mauerpfeffer blühen, wird sie garantiert zum Blickfang und für Eidechsen und Insekten zum idealen Versteck.
- Durch Modellierung des Geländes schafft man verschiedene Ebenen, z. B. mit einem erhöhten Sitzplatz oder einem abgesenkten Spielbereich.

Eingefasste Beete

Auch im Küchengarten schaffen Grenzen Übersicht. Im Stil der Bauerngärten kann man Gemüsebeete mit niedrigen Buchshecken einfassen. Auch Kräuter eignen sich als lebende Begrenzung. Sie geben dem Beet Struktur und sind zugleich eine Augenweide. Regelmäßig in Form geschnitten, eignen sich Lavendel, Currykraut, Eberraute, Heiligenkraut oder Gamander ausgezeichnet dafür. Auch Schnittlauch, Basilikum oder Tagetes machen sich gut als Grenzgänger. Vorsicht mit Buchs: Er ist in Teilen giftig und kann für Kleinkinder, die gern alles in den Mund stecken, gefährlich werden (→ Giftpflanzentabelle Seite 138).

Wohin des Wegs?

Wege und Pfade bilden als verbindende Elemente das Rückgrat des Gartens. Verschiedene Geländeebenen kann man über Trittstufen sehr gut miteinander verbinden. Wird der Weg häufig genutzt und z. B. mit einer Schubkarre befahren, sollte er eine ausreichende Breite sowie einen rutschfesten und belastbaren Belag mit gleichmäßiger Oberfläche aufweisen. Im Gemüsegarten dagegen reicht zum Ernten oder Unkrautzupfen durchaus ein schmaler Pfad aus Holzbrettern oder Rindenmulch zwischen den Beeten. Welcher Untergrund sich eignet, ist also abhängig von der Nutzung des Weges.

➤ **Ziegel, Naturstein** oder **Klinker** sind haltbare Materialien für hohe Belastung. In einem Pflasterverbund kann man mit »Intarsien« in Form von Glasbausteinen, Murmeln, Muscheln oder Flusskieseln hübsche Effekte erzielen.

➤ Ein **Kiesbelag** ist durchlässig und nutzt sich nicht so schnell ab wie Rindenmulch. Der Nachteil gegenüber Pflastersteinen ist, dass feiner Kies leicht überallhin verstreut wird, der Belag mit der Zeit schütter und ungleichmäßig wird und man ihn hin und wieder auffüllen muss.

➤ **Holz** in Form von Baumscheiben, Fliesen oder Latten wirkt natürlich und warm. Vorsicht bei Regen: Dann wird es rutschig. Es eignet sich also nur auf weniger frequentierten Wegen. Abhilfe schafft ein Rillenprofil in der Oberfläche.

➤ Auf **Rasenwegen**, z. B. zwischen Blumenrabatten, lässt es sich angenehm laufen. Sie sind robust und pflegeleicht und eine kostengünstige Alternative zum Wegpflaster. Wenn sie genauso breit sind wie der Rasenmäher, wird die Mahd zum Kinderspiel.

➤ Weiche Trittwege aus **Rindenmulch** bieten sich zwischen Beeten an oder als Schleichpfade durchs Spielgebüsch. Man muss aber öfter nachstreuen, da sich das Material mit der Zeit abnutzt.

➤ Wer sich nicht für einen Belag entscheiden möchte, kann zur Freude der Kinder einen »**Barfußweg**« anlegen. Darauf wechselt der Belag alle paar Meter, sodass sich der Untergrund immer wieder anders anfühlt. Mit geschlossenen Augen kann man sich Schritt für Schritt vortasten und raten, wo man sich gerade befindet.

Auf bestem Weg

Ob ein Weg schnurgerade oder geschwungen verlaufen soll, ist Geschmackssache.

➤ Gerade verlaufende Wege unterstreichen die Symmetrie. Sie sind interessant, wenn sie auf ein Objekt hinführen, z. B. eine Figur, einen Rosenbogen oder eine Bank.

➤ Kinder lieben geschwungene Wege, deren Ende nicht einsehbar ist. Sie wirken geheimnisvoll und machen neugierig auf das, was sich dahinter verbirgt. Dieser einfache Trick eröffnet neue Räume und lässt den Garten größer erscheinen. Es macht Spaß, schmale, gewundene Wege zwischen Blumenbeeten zu durchstreifen oder auf spiralförmig oder labyrinthartig in den Rasen gemähten Streifen Versteck zu spielen.

Tür & Tor

Ein Garten, den man mit einem Blick überschaut, wird schnell langweilig. Gerade für Kinder ist es reizvoll, wenn sich überraschende Durchblicke und neue Perspektiven bieten. Sie schlüpfen gerne durch schmale Öffnungen und spähen in verborgene Winkel. Eine Hainbuchenhecke macht es problemlos mit, wenn Sie Fenster oder einen Durchschlupf hineinschneiden. Auch ein Laubengang oder ein Torbogen lassen nur einen Ausschnitt frei und machen neugierig auf den Raum dahinter. Mit Kletterpflanzen berankt wirkt er wie ein zauberhafter Willkommensgruß im Kinderreich. Tore aus biegsamen Weiden- oder Haselruten sind eine hübsche und preisgünstige Alternative.

In kleinen Gärten oder Hinterhöfen kann man mit optischen Täuschungen verblüffende Perspektiven schaffen. Wenn Sie am Ende eines Weges oder in einer dunklen Ecke einen Spiegel aufstellen oder an der Gartenmauer ein Tor aufmalen, entsteht die Illusion von völlig neuen Gartenräumen (→ Seite 73).

Effekte mit Pflanzen

Den Charme eines Gartens machen natürlich auch die Pflanzen selber aus. Ihre vielfältigen Formen und Farben kann man wirkungsvoll einsetzen. Für das Spiel mit Licht und Schatten, als Kulisse für Blumenrabatten und um

PRAXISINFO

Hingucker für jede Jahreszeit

Mit dieser Pflanzenauswahl ergeben sich das ganze Jahr immer neue Aspekte vom bunten Blühen über herbstliches Glühen bis zum Wintergrün:

- GEHÖLZE: Winterjasmin, Magnolie, Forsythie, Flieder, Clematis, Kletterrose, Sommerflieder, Japanischer Feuerahorn, Kupfer-Felsenbirne, Wilder Wein, Bambus
- SOMMERBLUMEN UND STAUDEN: Winterling, Blaukissen, Vergissmeinnicht, Zinnie, Phlox, Sonnenblume, Japananemone, Herbstaster, Lampionblume, Lampenputzergras

In kleinen Gärten sorgen vertikale und horizontale Elemente für Räumlichkeit. Der Rasen mit dem Sitzplatz strahlt Ruhe aus und gibt ein Gefühl von Weite.

die Vertikale zu betonen, sind Gehölze unverzichtbar (→ Seite 20–23). Stauden und Sommerblumen mit auffälligen Wuchsformen oder Blattfarben sorgen für Spannung und schaffen eine jahreszeitlich wechselnde, immer wieder neue Atmosphäre.

Ein harmonisches Gesamtbild ergibt sich durch Höhenstaffelung und die Kombination verschiedener Wuchsformen im Beet. Gräser und andere Stauden sind dafür ein gutes Beispiel: Manche breiten sich z. B. flächig durch Wurzelausläufer aus, andere bilden dichte Horste oder Polster.

Achten Sie bei der Auswahl der Pflanzen und bei der Pflanzung auf einen geschickten Wechsel von Blütensträuchern, Immergrünen, Gräsern sowie hohen und niedrigen Stauden.

Es gibt eine Reihe von Pflanzen, die nicht nur während der Blütezeit attraktiv sind, sondern auch dekorative Früchte oder eine interessante Herbstfärbung haben. So sorgen Sie das ganze Jahr über für Abwechslung im Beet und können sich an immer neuen Aspekten freuen (→ Praxisinfo).

Farbige Tupfer

Farben spielen in der Gartengestaltung eine große Rolle. Wenn Sie Staudenrabatten so anlegen, dass die Pflanzen zu verschiedenen Zeiten blühen, ergibt sich eine schöne Abfolge mit immer wechselnden Farbtönen. Romantische Pastellfarben von Clematis und Trichterwinde bilden Ton in Ton kombiniert den idealen Eingang in ein verwunschenes Feenreich. Kinder lieben plakative, kontrastierende Farben wie die von rotem Mohn oder gelben Sonnenblumen, die ihr Kinderbeet in leuchtende Farben tauchen. Kühle Farben wie Blau kommen besonders wirkungsvoll im Hintergrund des Gartens zur Geltung und lassen ihn optisch größer wirken. Wenn der Sommer vorbei ist, zaubern Sträucher und Kletterpflanzen mit auffälliger Herbstfärbung, wie Ahorn oder Wilder Wein, ein einzigartiges Feuerwerk aus Farben. Selbst der Winter bietet mit Immergrünen wie Bambus oder Spindelstrauch und den Frühstartern Winterjasmin und Schneeheide zauberhafte Ausblicke.

Markante Formen

Auffällige Pflanzen setzen Akzente und geben dem Garten Struktur. Dazu gehören z. B. Solitärgehölze mit besonderer Wuchsform oder Blüte. Ein üppig blühender Baum, ein prächtiger Rosenbusch, eine Trauerweide mit überhängenden Ästen, ein hoher Nadelbaum oder ein in die Breite wachsender Fächerahorn können das Gartenbild maßgeblich prägen.

- **Formschnitt:** Kugelbäumchen im Kübel oder Säulenformen neben dem Hauseingang sind ein Blickfang in kleineren Gärten.
- Ein **flächiger Eindruck** wird durch große Blätter vermittelt. So vergrößern Funkien am Teichrand z. B. optisch die Wasserfläche.
- **Fülle** geben z. B. die Wedel des Wurmfarnes in einer Schattenrabatte.
- Die **Senkrechte** betonen hohe, zarte Halme wie die von Gräsern.

Ein romantischer Rosenbogen lädt zu einem Rundgang durch den Garten ein. Wer kann da schon widerstehen?

Forsythie
Forsythia × intermedia

Aussehen: Blühende Forsythiensträucher – das ist die Frühlingseröffnung mit einem Paukenschlag. Der 2–3 m hohe, weit ausladende Strauch mit den leuchtend gelben Blüten ist robust und anspruchslos.
Standort und Pflege: normaler Gartenboden in Sonne oder Halbschatten; Rückschnitt der Zweige erst nach der Blüte, kahle Äste bodennah auslichten, damit neue nachkommen; hübsch als Solitärgehölz
Hinweis: eignet sich gut, um schon im Winter in der Vase Zweige zum Blühen zu bringen.

Astreines Zweigwerk:

Sommerflieder
Buddleja davidii

Aussehen: Die dunkelvioletten, weißen und purpurnen Blütenstände wachsen an leicht überhängenden Trieben und sind ein Magnet für Schmetterlinge. Der ca. 3 m hohe, ausladende Strauch wirkt besonders als Solitärpflanze.
Standort und Pflege: vollsonniger, geschützter Platz; auch auf trockenen Böden; Blütenbildung am einjährigen Holz, daher Rückschnitt der Blütenzweige vom Vorjahr; Frostschutz für Jungpflanzen in kalten Regionen ratsam
Hinweis: Im Spätsommer tummeln sich unzählige Falter, Schwebfliegen, Bienen und Hummeln auf den Blüten.

Kupfer-Felsenbirne
Amelanchier lamarckii

Aussehen: Wildstrauch mit malerischem, natürlichem Wuchs, blüht mit weißen Blütentrauben, die zahlreiche Bienen anlocken; markante Herbstfärbung von leuchtend gelb bis feurig rot; die blauschwarzen Beeren sind essbar.
Standort und Pflege: Der Strauch ist anspruchslos, gedeiht in jedem Boden und blüht erst an älterem Holz; passt gut in eine frei wachsende Hecke; zur Verjüngung bodennah auslichten
Hinweis: Blätter ideal für Herbstbastelei, z. B. nach dem Farbenkreis von Rot über Orange nach Gelb und Grün sortiert auf Karton aufkleben

Apfelbaum
Malus domestica

Aussehen: bis zu 7 m hoch; für kleine Gärten kurzwüchsige Spindelbüsche, Buschbäume oder Halbstämme; mehr oder weniger lagerfähige Sorten, z. B. Gravensteiner, Cox Orange, Boskop oder Topaz; Kläräpfel liefern die erste Ernte im Juli
Standort und Pflege: sonnig; nahrhafter, lehmiger und gleichmäßig feuchter Boden; nach oben wachsende Triebe (»Wasserschosse«) und zu dicht übereinander stehende Seitentriebe regelmäßig entfernen; Leimringe gegen Schädlinge anbringen
Hinweis: wegen Fremdbestäubung zwei Bäume pflanzen

Bäume und Sträucher

Flieder
Syringa-Vulgaris-Hybriden

Aussehen: 2–4 m hoher Strauch mit violetten, rosaroten oder weißen, duftenden Blüten in dichten, aufrecht stehenden Trauben; herzförmige, gestielte Blätter
Standort und Pflege: humusreicher, kalkhaltiger Boden und sonniger Platz; einzeln stehend kommt er am besten zur Geltung; blüht am zweijährigen Holz, daher nur verwelkte Blütentrauben abschneiden (nicht die neuen Holzknospen); Wildtriebe am Boden entfernen
Hinweis: Blütenzweige sind in der Vase länger haltbar, wenn man das Stielende mit einem Hammer aufklopft.

Zierapfel
Malus-Hybriden

Aussehen: 4–6 m hohes, langlebiges und reich blühendes Bäumchen mit weiß-rosa oder rot blühenden Sorten; die lustigen gelb-roten oder dunkelroten Mini-Äpfel haften im Herbst lang am Zweig
Standort und Pflege: sonniger Standort; pflegeleicht und anspruchslos in Bezug auf den Boden; sehr robust
Hinweis: Die leicht säuerlich schmeckenden Zieräpfel sind essbar; als Bastelmaterial z. B. für Adventskränze und Weihnachtsdekorationen verwendbar; Früchte an Zweigen dienen im Winter als Vogelfutter.

Magnolie
Magnolia × soulangeana

Aussehen: 4–6 m hoher Baum mit ostasiatischer Herkunft; die großen, weißen und rosaroten Blüten der Tulpenmagnolie geben dem Garten im Frühjahr einen exotischen Touch; für kleine Gärten empfiehlt sich die weiß blühende, zierliche Sternmagnolie, die nur 2–3 m hoch wird.
Standort und Pflege: nahrhafter, feuchter Boden; frostempfindlich – nur in geschützter Lage; Flachwurzler, daher Vorsicht beim Hacken, um die Wurzeln nicht zu beschädigen; es ist vorteilhaft, die Baumscheibe mit Mulch abzudecken
Hinweis: Magnolien wirken hübsch über Blumenrabatten.

Astreines Zweigwerk:

Kirschbaum
Prunus avium-Sorten

Aussehen: Süßkirschbäume werden groß und stattlich und brauchen 5–6 Jahre, bis die ersten Kirschen reifen. Sauerkirschbäume sind kleiner (z. B. als Buschbaum), tragen schon im zweiten Jahr nach dem Pflanzen, es gibt selbst befruchtende Sorten
Standort und Pflege: sonnig; tiefgründiger, lehmhaltiger Boden. Süßkirschen alle 2–4 Jahre, abgeerntete Äste (Fruchttriebe) der Sauerkirsche jährlich auf 3–5 Augen einkürzen
Hinweis: Am St.-Barbara-Tag (4. Dezember) geschnittene Kirschzweige erblühen an Weihnachten in der Vase.

Kornelkirsche
Cornus mas

Aussehen: heimischer Wildobst-Strauch, der bis 6 m hoch werden kann; blüht bereits ab Februar mit hübschen gelben Blüten in kugeligen Dolden; die frühe Blüte ist eine wertvolle Bienenweide; Kornelkirschen wachsen sparrig und verzweigt und bieten Singvögeln Nahrung und Schutz.
Standort und Pflege: gedeiht in jedem Boden in Sonne oder Halbschatten und bevorzugt einen warmen Standort
Hinweis: Die schwarzroten Steinfrüchte schmecken, direkt vom Strauch gepflückt, sauer. Legt man sie ein paar Tage in den Kühlschrank, werden sie schmackhaft und süß.

Kerrie, Ranunkelstrauch
Kerria japonica

Aussehen: aus China eingebürgerter Blütenstrauch mit lustigen, goldgelben Blütenbüscheln; die gefüllten Blüten ähneln der Ranunkel, daher der Name
Standort und Pflege: anspruchsloses Gehölz; gedeiht sowohl in sonniger Lage als auch im Halbschatten; bevorzugt frische, feuchte Böden und bildet Wurzelausläufer; durch den zierlichen Wuchs von 1,5–2 m Höhe gut für kleine Gärten geeignet; hübsch in Naturgärten
Hinweis: Im Winter kommen die kahlen, grünen Zweige besonders gut zur Geltung.

Holunder
Sambucus nigra

Aussehen: heimischer, 3–4 m hoher Strauch; stark verästelt mit stark duftenden, cremefarbenen Blütendolden, im Spätsommer dunkle Beeren; Blätter unpaarig gefiedert
Standort und Pflege: anspruchslos, starkwüchsig und robust; wächst in jedem Boden; Sonne und Halbschatten; auslichten kahler Äste am Boden fördert Neuaustrieb
Hinweis: Heilpflanze mit vielseitiger Nutzung; Beeren mit hohem Vitamin-C-Gehalt, aber Vorsicht: Roh gegessen, sind sie leicht giftig; der Legende nach Schutz für Haus und Bewohner, deshalb gerne dicht am Haus gepflanzt

Fächerahorn
Acer palmatum

Aussehen: dekorativer, bis 2 m hoher Zwergstrauch mit asiatischem Flair; zierliche, wie ein Fächer geteilte Blätter im Herbst gelb- bis dunkelrot gefärbt; an den Zweigen entwickeln sich kleine Ahornfrüchte.
Standort und Pflege: kühl-feuchter Standort im Halbschatten; Flachwurzler in durchlässigem Boden. Einmal eingewachsen, ist er unempfindlich gegen Frost; als Kübelpflanze braucht sie einen Winterschutz.
Hinweis: hübsch zusammen mit Japananemone und Gräsern; gut geeignet für Vorgärten und kleine Gärten

Weiche Landung

Effektiver Sonnenschutz

Stabiler Schaukelhaken

Basics

Sicher ist sicher

Dort, wo das Leben tobt, gibt es kein Rundum-Sorglos-Paket. Wo Kinder klettern, turnen und wilde Abenteuer bestehen, gibt es auch Risiken – vor allem für die ganz Kleinen. Aber keine Sorge: Wenn Sie die Gefahren kennen, können Sie ihnen mit den richtigen Mitteln begegnen.

Für Kinder ist der Garten ein Erlebnisraum. Sie wollen Neues entdecken, Erfahrungen sammeln und sich in Geschicklichkeit üben. Ein sicheres Körpergefühl entwickelt man erst mit der Zeit, und auch der Umgang mit der Gartenschere will geübt sein. Kleinere Unfälle kann man nicht immer und überall verhindern, aber man kann gefährliche Situationen minimieren, ohne den Handlungsspielraum der Kinder zu sehr einzuschränken.

Manche Gefahren sind nicht unbedingt gleich sichtbar, so wie intensive Sonneneinstrahlung. Schützen Sie kleine Kinder immer mit einem Sonnensegel oder einem Schirm über dem Sandkasten, und vergessen Sie das Eincremen nicht.

Beim Klettern und Schaukeln

Achten Sie beim Kauf von Spielgeräten darauf, dass sie eine TÜV-Plakette tragen. Seile, Strickleitern und Schaukeln sind mit Sicherheits-Zertifikat versehen. Die Maschenweite von Kletternetzen z. B. darf nicht im Bereich zwischen 12 und 24 cm liegen, da kleine Kinder sonst leicht mit dem Kopf darin stecken bleiben können. Überprüfen Sie vorhandene Geräte von Zeit zu Zeit. Lockere Schrauben, hervorstehende Nägel und scharfe Kanten, morsches Holz und durchgescheuerte Seile sollten sofort ausgetauscht werden. Wichtig ist auch, dass Schaukelhaken stabil und richtig befestigt (→ Seite 110/111) und die Stützpfeiler im Boden gut verankert (also z. B. einbetoniert) werden.

Auch ausreichende Sicherheitsabstände sind wichtig. Kleine Akrobaten brauchen ca. 4 m vor und hinter der Schaukel freie Bahn. Dass ein Kind in den Schaukelbereich hineinrennt, können Sie vermeiden, indem Sie den Bereich seitlich der Schaukel mit Sträuchern oder einem Zaun vom übrigen Garten abtrennen.

Für den Fall des Falles installiert man Schaukeln, Klettergeräte oder Trampolin auf möglichst weichem Untergrund, also z. B. auf Rasen. Auch eine etwa 30 cm dicke Schicht Spielsand oder Rindenmulch dämpft den Sturz gut ab. Spezielle Fallschutzmatten aus Gummi können einen Sturz aus 1–1,5 m Höhe noch gut abfedern.

Engmaschiges Teichgitter

Aufbewahrung unter Verschluss

Richtiger Umgang mit Giftpflanzen

In Wassernähe

Gewässer ziehen Kinder magisch an, aber schon ein kleiner Ausrutscher kann fatale Folgen haben, denn bereits 10 cm Wassertiefe genügen, um darin zu ertrinken. Lassen Sie kleine Kinder daher niemals ohne Aufsicht an einem Teich, Bach oder Plantschbecken spielen. Wenn Sie nicht generell auf ein Gewässer verzichten möchten, sollten Sie es unbedingt sichern, z.B. durch einen Maschendrahtzaun. Vermeiden Sie steile Uferzonen und bringen Sie ein verzinktes, vom TÜV geprüftes Gitter auf der Wasserfläche an. Ein Bewegungsmelder löst beim Hineinplumpsen Alarm aus. Am besten ist es, einen vorhandenen Teich vorübergehend zur Sandgrube umzufunktionieren.

In Kontakt mit Pflanzen

In der Natur kommt es immer wieder zu schmerzhaften Begegnungen, ob das eine Brennnessel, eine stachelige Rose oder eine Biene im Gras ist. Betrachten Sie giftige Pflanzen und »gefährliche« Tiere deshalb nicht als Feind, sondern führen Sie Ihre Kinder behutsam an sie heran. So lernen die Kleinen Risiken besser einzuschätzen.
Früchte an Bäumen oder Sträuchern wirken verlockend, besonders auf kleine Kinder, die bekanntlich alles in den Mund stecken. Wenn Sie giftige Pflanzen nicht ganz aus dem Garten verbannen möchten, reicht es, z.B. giftige Fruchtansätze in Kinderhöhe zu entfernen. Auch Kindern kann man schon verständlich machen, dass giftige Beeren genauso zur Natur gehören wie essbare und dass nur die Beeren im Naschbeet oder im Küchengarten gegessen werden dürfen. Erklären Sie ihnen auch, dass manche Früchte nur in rohem Zustand leicht giftig sind, wie Holunderbeeren oder grüne Bohnen; gekocht dagegen sehr gesund.
Da die Konzentration der Giftstoffe in den verschiedenen Pflanzenteilen variieren kann, äußern sich Symptome unterschiedlich stark. Auch die eingenommene Menge spielt dabei eine Rolle. Bei manchen Vergiftungen ist höchste Alarmstufe angebracht, andere rufen allenfalls Übelkeit hervor. Einige Pflanzen, wie die Herkulesstaude, lösen schon bei Berührung allergische Reaktionen aus. Bewahren Sie im Notfall Ruhe und rufen Sie den Notarzt. Geben Sie keine Milch zu trinken! Wenn Sie zum Arzt gehen, nehmen Sie einen Teil der Pflanze mit. Auskünfte über Giftpflanzen erteilen Giftnotrufzentralen (→ Seite 139) oder das örtliche Gesundheitsamt. Eine Übersicht giftiger Gartenpflanzen finden Sie im Anhang auf Seite 138.

Im Gartenalltag

Lockere Drähte und Schnüre, spitze Ecken und scharfe Kanten, rostiges Eisen, ein schmiedeeiserner Gartenzaun mit Spitzen, Glas oder Schnappfallen für Mäuse bergen Risiken, auf die Sie die Kinder aufmerksam machen sollten. Gehen Sie auf Nummer sicher und lassen Sie Gartenschere, Hacke, Säge oder Beil nicht herumliegen, sondern bewahren Sie die Geräte z.B. in einem abschließbaren Schrank auf. Auch Dünger und Pflanzenschutzmittel sollten Sie unbedingt unter Verschluss halten. Auch biologische Pflanzenschutzmittel können Pflanzengifte enthalten (z.B. Pyrethrum, Rizinusdünger). Im Biogarten, wo Kräutersud und Gesteinsmehle zum Einsatz kommen, können Sie Ihre Kinder aber sorglos spielen lassen.

Stück für Stück zum Gartenglück

Damit Ihre grüne Oase erblüht und gedeiht, geht's im Frühling mit Hacke und Spaten ans Werk. Gemeinsam wird gebuddelt und gegraben, gesät und gepflanzt. Das richtige Know-how, pflegeleichte, kindgerechte Pflanzen und wertvolle Tipps helfen Ihnen beim erfolgreichen Gärtnern. So nimmt Ihr Traumgarten Schritt für Schritt Gestalt an.

Lauschige Sitzplätze

Sommer, Sonne, draußen sein – ein gemütlicher Sitzplatz auf der Terrasse oder im Garten gehört dazu. Geschützt vor Sonne, Wind und neugierigen Blicken, umgeben von Kletterpflanzen und Blumenkübeln, wird das grüne Wohnzimmer zur begehrten Freiluftzone für die ganze Familie.

Die ersten warmen Sonnenstrahlen geben im Frühjahr das Startsignal für die neue Gartensaison. Sie werden schon sehnlich erwartet,denn schließlich gibt es nichts Schöneres als eine Mahlzeit in trauter Runde im Freien, einen fröhlichen Spieleabend rund um den großen Gartentisch oder ein heimeliges Plätzchen unter blühenden Sträuchern zum Träumen und Schmökern.

Ein entspannendes Ambiente am Sitzplatz bieten duftende Kletterrosen, die die Sinne verwöhnen.

Tafelrunde im Grünen

Als Draußen-Treffpunkt für die ganze Familie ist eine Terrasse am Haus wie geschaffen: Sie liegt geschützt direkt am Haus und ist gut erreichbar. Die angrenzende Hauswand speichert Wärme, hält den Wind ab und eignet sich wunderbar, um einem Sonnensegel oder einer Pergola festen Halt zu geben. Außerdem lässt sie sich mit Kletterpflanzen beranken, die als grüne Kulisse dienen.

Eine große Runde mit Freunden und einer Kinder-Spielecke braucht allerdings Platz. Wenn Sie zu den Maßen des Tisches an allen vier Seiten noch ca. 2 m hinzuzählen, haben Sie einen Richtwert für die optimale Größe Ihres Sitzplatzes. Ein Strauch, eine Hecke oder ein Platz sparendes Rankspalier bieten als Abgrenzung zum Nachbargrundstück Sicht- und Windschutz. Eine Pergola oder Laube schirmt neugierige Blicke aus höheren Stockwerken ab. Den gleichen Zweck erfüllt eine breite Baumkrone, die im zeitigen Frühjahr die ersten warmen Sonnenstrahlen durchlässt und im Sommer unter dichtem Blätterdach für erfrischende Kühle sorgt. Natürlich erfüllt auch ein großer Sonnenschirm, eine Markise oder ein Sonnensegel den Wunsch nach Schatten. Blumenampeln, Töpfe und Kübel mit Blüten- und Duftpflanzen sorgen für sommerliche Gartenatmosphäre.

Boden gut gemacht

Terrassen sind für Sitzplätze noch aus einem anderem Grund sehr vorteilhaft: Der Boden darunter ist befestigt. Im Gegensatz zu einem Rasen-Sitzplatz findet das Mobiliar hier festen Stand, und der Platz ist leicht sauber zu halten. Als Belag über dem Betonsockel eignen sich Holz, Natur- oder Betonsteine und Klinker.

➤ Natursteine sind haltbar und strapazierfähig, haben aber ihren Preis. Dazwischen kann man z. B. mit kleinen, selbst gesammelten Findlingen fantasievolle Muster legen. Allerdings ist der Boden darüber oft uneben, was für die Standfestigkeit von Tisch und Stühlen als auch für Rollstühle oder Kinderwägen von Nachteil sein kann.

➤ Warme Naturfarben von Klinkern oder Terrakottafliesen geben dem Sitzplatz ein behagliches Flair.

➤ Holz ist ein sehr wohnlicher Baustoff, preisgünstig und strapazierfähig. Für den Außenbereich eignen sich besonders gut harte Hölzer wie Douglasie oder Robinie. Achten Sie auf Längsrillen, die extra in die Oberfläche der Planken eingefräst werden. Sie können die Rutschgefahr bei Nässe erheblich mindern.

Gemütliche Kissen wirken genauso einladend wie die üppige Blütenpracht neben der Natursteintreppe.

Auf der geräumigen Holzterrasse mit variablem Sonnenschutz fühlen sich alle wohl. Das Mobiliar lässt sich zum Spielen leicht beiseite räumen, die Holztrennwand gibt Rückendeckung und selbst ein paar Regentropfen machen der gemütlichen Runde nichts aus.

➤ Betonsteine werden Natursteinen oft täuschend ähnlich nachgebildet, sie sind unter normaler Beanspruchung unverwüstlich und vor allem erheblich günstiger – nur eben künstlich in Form gebracht.

Wohnlich einrichten

Als Mobiliar sind Tische und Stühle aus wetterfestem Material, z. B. Metall oder Kunststoff empfehlenswert, die man auch bei Regen draußen stehen lassen kann. Holzliebhaber haben an einer lasierten Garnitur aus Hartholz auch bei Wind und Wetter lange Freude. Dunkle Ecken wirken mit hellen Möbeln gleich viel freundlicher.
Es macht Spaß, einen Sitzplatz fantasievoll zu gestalten. Bemalte Stühle, bunte Kissen, Töpfe und hübsche Accessoires bringen Farbe ins Spiel. Denken Sie auch an eine stimmungsvolle Beleuchtung für laue Nächte. Leicht zu verlegen sind bunte Deko-Lichterketten an der Pergola oder unter dem Sonnenschirm. Selbst die Weihnachtsbaumbeleuchtung kommt so zu neuen Ehren. In Blumenkübel gesteckte Fackeln oder Windlichter in Nischen sorgen ringsum für behagliche Atmosphäre. Eine Baumfackel (Schwedenfeuer) stellt man auf feuerfesten Untergrund mit genügend Abstand zu brennbaren Materialien. Lassen Sie sie nicht aus den Augen, vor allem wenn kleine Kinder dabei sind. Gemeinsame Grillabende gehören zu den absoluten Garten-Hits im Sommer. Es macht allen Spaß, am offenen Feuer etwas zu brutzeln, und lodernde Flammen und glimmende Glut sind für Kinder immer wieder faszinierend – aber auch nicht ungefährlich (→ Seite 114/115). Verwenden Sie nur sicherheitsgeprüfte Behälter, Anzünder oder Zeitungspapier und niemals Brennspiritus! Leeren Sie die Restglut nie auf die Erde, sondern löschen Sie sie mit Sand oder lassen Sie sie über Nacht auskühlen.

Reizvolle Ausblicke

Einladende Sitzgelegenheiten kann man überall im Garten schaffen. Durch wechselnde Perspektiven erleben Sie das Grundstück immer wieder anders. Verborgene Winkel, eine Laube, Blumenrabatten und Rosensträucher, Obstbäume oder ein erhöhter Aussichtsplatz sind ideale Orte für einen Korbsessel, den Liegestuhl oder die gute alte Gartenbank. Hier zieht man sich zurück, schaltet ab und genießt die Ruhe. Eine alte Steinbank unter Kletterrosen lässt Dornröschen-Flair aufkommen, und in einem bei Wind und Wetter standhaften Strandkorb träumt man wunderbar vom vergangenen Urlaub. Sie werden sehen: Selbst der Nachwuchs schätzt eine ruhige Ecke zum Lesen und Schlummern (→ Seite 116/117).

Evergreen im Garten

Eine Rasenfläche darf in keinem Familiengarten fehlen. Sie ist unverzichtbar zum Ballspielen, Sonnenbaden oder Entspannen am Feierabend. Ein grüner Teppich lässt kleine Gärten optisch größer erscheinen und bringt Blumenrabatten zum Leuchten.

Auf einem grünen Rasenteppich scheinen kurz geschorene Grashalme nur darauf zu warten, dass man auf ihnen herumtollt.
Dass Gräser, so wie andere Pflanzen auch, Nahrung, Luft und Wasser benötigen, ein Rasen also auch etwas Pflege braucht, macht man sich dabei nicht immer klar. Erst durch regelmäßigen Schnitt regt man das Gras an, ständig neue Triebe zu bilden, sodass sich eine feste Grasnarbe entwickelt, und nur bei ausreichender Wasser- und Nährstoffversorgung bleiben die Halme grün und saftig. Bei hoher Belastung kommt es zu kahlen Stellen, und Moos oder Klee verdrängen selbst robuste Gräser mit der Zeit.
Sorgen Sie auch für eine gute Durchlüftung des Bodens durch regelmäßiges Vertikutieren. Dabei wird der Wurzelfilz mit einem speziellen Rechen gelockert und durchlöchert.
Für jeden Standort und jede Beanspruchung gibt es verschiedene Gräsermischungen. Wählen Sie statt des pflegeaufwändigen englischen Zierrasens einen strapazierfähigen Sport- und Spielrasen. Für weniger sonnige Bereiche gibt es schattenverträgliche Sorten, und lückige, stark beanspruchte Stellen kann man mit einer speziellen Nachsaatmischung aus robusten Arten ausbessern.

Sattes Grün...

Für eine Neuansaat ist eine Regenperiode im frostfreien Frühjahr oder Spätsommer ideal. Lockern Sie den Boden zunächst spatentief und sammeln Sie Pflanzenreste und Steine ab. Eine Humusgabe oder Langzeitdünger vor der Neueinsaat bessert den Boden auf. Ziehen Sie die Erde mit dem Rechen glatt und warten Sie 14 Tage, bis sich das Saatbett etwas gesetzt hat. Richten Sie sich beim Säen nach den Mengenangaben auf der Packung. Mit einem Streuwagen gelingt eine gleichmäßige Verteilung. Rechen Sie die Saat leicht ein und drücken Sie sie mit einer Walze fest. Mit zwei kurzen Brettchen, die Sie an den Schuhen befestigen, geht das auch und macht zudem den Kindern Spaß. Wenn es nicht regnet, sollten Sie die Saat in den nächsten vier Wochen mit einem Sprenger feucht halten.

Grenzen setzen

Gras neigt zur Ausläuferbildung. Damit es in den vorgesehenen Grenzen bleibt, fasst man die Rasenfläche am besten mit speziellen Kantensteinen ein. Darüber kann man ruck, zuck mit dem Rasenmäher fahren und spart sich so das Zeit raubende Kantenschneiden mit einer Schere oder dem Rasentrimmer.

... oder buntes Blühen?

Möchten Sie einen Teil der Fläche lieber zu einer bunten Blumenwiese umfunktionieren? Nichts leichter als das: Verzichten Sie auf Dünger und lassen Sie den Rasen einfach wachsen. Zwar dauert es eine Weile, bis sich die ersten Wiesenblumen einfinden, aber schon wenn das Gras nicht mehr ganz so tief geschnitten wird, erscheinen bald Gänseblümchen und Löwenzahn, Ehrenpreis und Günsel. Krokusse oder Blausternchen haben ihren großen Auftritt, schon bevor die Gräser aus dem Winterschlaf erwachen (→ Seite 32/33).

Bunte Mischung

In einer eingesäten Wiesenblumenmischung bilden Margeriten, Salbei oder Schafgarbe nach einiger Zeit Horste, um die man einfach herummähen kann, z. B. zum Geburtstag in Herzform. Mit einem Rasenmäher mäht man mit etwas Geschick ein Spiralmuster oder ein Labyrinth in die Wiese – und macht sich dann barfuß auf den Weg ins Innere: dorthin, wo man sonst nicht gelangt, ohne Gräser und Blumen niederzutreten. Auch eine Blumenwiese braucht 1–2-mal im Jahr eine Mahd mit der Sense, am besten nach der Samenreife und noch einmal vor dem Winter.

Inmitten von blühenden Blumen fühlen sich nicht nur Hummeln und Marienkäfer wohl. Die bunte Blütenvielfalt in einer Blumenwiese lässt auch Kinderherzen höher schlagen, und im Handumdrehen sind hübsche Blumensträuße gepflückt und schmückende Kränze gewunden.

Rasenschnittgut gehört nicht in den Müll, sondern allenfalls auf den Kompost. Und wenn man es nach dem Mähen trocknen lässt, eignet es sich hervorragend als schützende Mulchschicht auf dem Gemüsebeet. Wie man sieht, ist es auch hervorragend als Tarnung für zweibeinige Grashüpfer zu gebrauchen.

PRAXISINFO

Wellness für den Rasen

So bleiben die Halme auf Dauer saftig grün:

- MÄHEN: Im Sommer 1–2-mal wöchentlich. Für kleine Gärten genügt ein einfacher Spindelmäher mit verstellbarer Schnitthöhe (normal sind ca. 4 cm).
- WÄSSERN: Regen bringt Segen, am besten morgens oder abends; in trockenen Sommern ist ein Rasensprenger unverzichtbar.
- DÜNGEN: Verwenden Sie in der Wachstumszeit 2–3-mal einen speziellen organischen Rasendünger und beachten Sie die Mengenangaben auf der Packung.
- LÜFTEN: Mit einem so genannten Vertikutierrechen entfernt man im Frühjahr Gräserfilz und Moos und lockert die Narbe.
- AUSBESSERN: Kahlstellen lockert man zuerst auf und verteilt darauf dann eine Nachsaatmischung.
- SCHONEN: Lehmböden zeigen bei Trockenheit Risse. Nach starkem Regen bilden sich dagegen Pfützen. Betreten Sie den Rasen dann eine Weile besser nicht.

Für eine pflegeleichte Rasenkante fasst man die Rasenfläche am besten mit ebenerdig verlegten Randsteinen ein. Dann kann man mit dem Rasenmäher sogar über den Rand hinausfahren und muss die Kanten nicht extra mit einem Trimmer oder der Kantenschere bearbeiten.

1

Maulwurf spielen
Den Zugang zum Erdreich verschafft man sich ganz leicht mit dem Zwiebelpflanzer. Man sticht damit durch die Grasnarbe und löst den Erdballen heraus. Ein Federmechanismus am Griff drückt die Erde zusammen.

Zwiebeln versenken
In das gestanzte Loch werden die Zwiebeln mit der Spitze nach oben gruppenweise eingesetzt. Wie tief, hängt von der Größe der Zwiebel ab. Als Faustregel gilt: doppelt so viel Erde darüber wie die Zwiebel im Durchmesser misst.

2

3

Zudecken und abwarten
Mit dem richtigen Griff „spuckt" das Gerät den Erdballen wieder aus. Füllen Sie damit das Loch und drücken Sie am Schluss die Grasnarbe fest. Keiner ahnt, was für Schätze hier vergraben sind – bis zum nächsten Frühling!

PRAXISINFO

Giftige Zwiebelpflanzen

Vorsicht: Zwiebelpflanzen, die es in sich haben und für Kleinkinder gefährlich werden, sind z. B.:

- Blaustern (*Scilla bifolia*)
- Buschwindröschen (*Anemone nemorosa*)
- Dichter-Narzisse (*Narcissus poeticus* var. *poeticus*)
- Gelbe Narzisse, Osterglocke (*Narcissus pseudonarcissus* var. *pseudonarcissus*)
- Herbstzeitlose (*Colchicum autumnale*)
- Kaiserkrone (*Fritillaria imperialis*)
- Maiglöckchen (*Convallaria majalis*)
- Schneeglöckchen (*Galanthus nivalis*)

4

Überraschung gelungen
Wenn es sprießt und blüht, erwachen kleine Gärtner aus dem Winterschlaf. Je nach Lust und Laune der Pflanzer leuchten Narzissen und Krokusse jetzt in Herzchen-Form oder als Farbtupfer im Rasen.

Bodenschatz in Zwiebelform

Zwiebelblumen läuten den Frühling ein. Mit einer Vielfalt von Arten und Sorten zaubern sie bunte Blüteninseln, lange bevor das übrige Pflanzenleben zu neuem Leben erwacht. Dabei sind sie ausgesprochen pflegeleicht und oft die richtige Wahl für Stellen, wo sonst nichts wächst.

Blumenzwiebeln und -knollen führen den überwiegenden Teil des Jahres ein zurückgezogenes Dasein tief in der Erde und sind lediglich damit beschäftigt, ihre Vorratskammern mit so viel Energie zu füllen, wie für die kurze Blütezeit benötigt wird. Darin steckt dann genügend Kraft, um schon im zeitigen Frühjahr aus den Startlöchern zu kommen. Deshalb können Schneeglöckchen, Krokusse und Narzissen ihre Blütenpracht entfalten schon lange bevor der Boden sich erwärmt. Nach der Blüte tanken ihre Blätter noch kräftig Energie, welken und ziehen dann in den Boden ein. Um die Bildung neuer Kraftreserven nicht zu unterbrechen, sollten Sie Stängel und Blätter stehen lassen, bis sie verwelkt sind.

Schätze vergraben

Zwiebel- und Knollengewächse gibt es in Hülle und Fülle. Eine Reihe von ihnen sind giftig oder haben giftige Pflanzenteile, die nicht in die Hände von Kleinkindern gelangen sollten (→ Praxisinfo). Für das Gärtnern mit Kindern eignen sich am besten ungiftige Krokus-Sorten, Hyazinthe, Tulpe, Schneeglanz oder Tazetta-Narzisse.
Pflanzzeit für Frühlingszwiebeln ist von September bis zum Frost, die frostempfindlichen Sommerblüher unter den Knollen- und Zwiebelblumen wie Dahlie, Gladiole, Iris und Lilie kommen erst im Frühjahr in den frostfreien Boden.
Als Faustregel für die Pflanztiefe gilt: Die Erdschicht über der Zwiebel sollte zweimal so dick sein wie ihr Durchmesser. Dabei zeigt das spitze Ende der Zwiebel immer nach oben. Das Pflanzloch hebt man mit einer Pflanzschaufel oder einem praktischen Zwiebelpflanzer aus. Kleine Knollen und Zwiebeln wirken am schönsten, wenn man sie in lockeren Gruppen pflanzt, denn ein einsames Schneeglöckchen oder ein einzelner Krokus wirkt verloren. Im Lauf der Zeit breiten sich Zwiebelpflanzen dann über Tochterzwiebeln immer weiter aus.
Im Rasen sticht man mit dem Spaten die Grasnarbe z. B. in Form einer Fliese heraus, lockert den Boden darunter und setzt die Zwiebeln hinein. Dann wird die Grasnarbe einfach wieder daraufgelegt. Kindern macht es auch großen Spaß, dem Zufall auf die Sprünge zu helfen. Sie werfen die Zwiebeln einfach in die Luft und setzen sie dort ein, wo sie herabgefallen sind, oder sie pflanzen sie in Herzform und anderen beliebigen Mustern (→ Abb.) ein.

Der schönste Platz

Für Laub abwerfende Gehölze sind Zwiebelblumen die idealen Partner. Winterlinge, Lerchensporn, Bärlauch oder Wildtulpen nutzen die Frühlingssonne in der laubfreien Zeit unter Wildsträuchern oder Bäumen mit lockerer Krone, wie Magnolien, Apfel- oder Kirschbäumen. Wenn die Blätter im Sommer dann dichte Schatten werfen, schlummern sie schon längst wieder im Boden.
Für die Rasenfläche oder die Wiese eignen sich Krokusse, Schneeglanz, Schachbrettblume oder niedrige Narzissen (Achtung, auf ungiftige Sorten achten!). Allerdings sollten Sie die Frühblüher so lange mit dem Rasenmäher verschonen, bis die Blätter verwelken. Bei Narzissen kann das bis zu sechs Wochen dauern. Wählen Sie deshalb für höhere Zwiebelpflanzen einen Bereich, der nicht so häufig betreten wird, z. B. mehr am Rand der Rasenfläche.
Reservieren Sie für Tulpen oder Hyazinthen einen Platz in der Blumenrabatte. Die Frühblüher beleben die noch kahlen Beete so lange die Stauden im Winterschlaf liegen. Wenn sie mit dem welken Laub keine gute Figur mehr machen, breiten die Nachbarstauden gnädig ihre frischen Blätter darüber aus. In solchen Beeten sollten Sie nicht ständig graben und pflanzen, denn Zwiebelblumen brauchen Ruhe. Nur wenn sie über Jahre sich selbst überlassen sind und ungestört wachsen können, vermehren sie sich üppig und bilden im Lauf der Zeit große Kolonien.

Narzisse
Narcissus spec.

Aussehen: Zwiebelpflanze in einer Vielzahl von Arten und Sorten; Blüte weiß-gelb, gelb-orange, stark duftend. Achten Sie auf ungiftige Sorten wie *N. rupicola* oder *N. tazetta*.
Standort und Pflege: Die Zwiebeln im Herbst 15–20 cm tief in humosen, durchlässigen Boden stecken, gruppenweise pflanzen. Narzissen mögen Sonne wie Halbschatten. Nach der Blüte sollte man das Laub bis zur Welke stehen lassen und erst dann abschneiden.
Hinweis: Kleinwüchsige Narzissen eignen sich gut für das Antreiben (Vorzucht) im Winter auf der Fensterbank.

Mit diesen Boten kann

Krokus
Crocus-Hybriden

Aussehen: Die nur 5–10 cm hohen Knollenpflanzen sind mit den Irisgewächsen verwandt und bilden im zeitigen Frühjahr mit ihren becherartigen Blüten hübsche bunte Teppiche in Gelb, Violett und Weiß.
Standort und Pflege: durchlässiger Boden in Sonne und lichtem Schatten unter Bäumen; Zwiebeln im Herbst 5–10 cm tief pflanzen. Erst nach dem Verwelken der Blätter den Rasen mähen; Knollen neigen zum Verwildern.
Hinweis: Die Wildformen »Botanische Krokusse« blühen früher als gezüchtete Sorten.

Wald-Vergissmeinnicht
Myosotis sylvatica

Aussehen: sternförmige, blaue Blüten und längliche, raue Blätter; es gibt auch rosa und weiße Farbvarianten; wächst buschig verzweigt und wird 30 cm hoch; neigt zum Verwildern und bildet hübsche Blütenteppiche
Standort und Pflege: anspruchslos; liebt feuchten, kühlen Standort in Sonne oder Halbschatten; Vermehrung durch Aussaat im Juli aufs Beet; im Herbst vereinzeln; blüht im folgenden Jahr und sät sich dann jedes Jahr von selbst aus
Hinweis: hübsch als Einfassungspflanze fürs Blumenbeet und als Partner von Tulpen auch im Balkonkasten

Tulpe
Tulipa spec.

Aussehen: Liliengewächs mit großer Sorten- und Farbenvielfalt. Es gibt hohe, niedrige, einfache, gefüllte Varianten und solche mit krausen oder gefransten Blütenblättern. Man unterscheidet früh und spät blühende Sorten. Die zierlichen Wildtulpen passen gut in eine naturnahe Pflanzung.
Standort und Pflege: durchlässiger Boden und sonniger Standort; Zwiebeln im Herbst 15 cm tief einsetzen und erst nach dem Welken der Blätter zurückschneiden.
Hinweis: Ein Teppich von blauen Vergissmeinnicht ist die ideale Untermalung für rote Tulpen.

der Frühling kommen

Gänseblümchen, Maßliebchen
Bellis perennis

Aussehen: Die weißen Strahlenblüten über den Blattrosetten der nur 3–10 cm hohen Korbblütler blühen fast ganzjährig und leuchten im Rasen wie Sterne. Für Rabatten oder Balkonkästen gibt es gefüllte rosa, rote oder weiße Züchtungen, die nur von März bis Juni blühen.
Standort und Pflege: anspruchslos in Bezug auf den Standort; Aussaat Mai–Juni, später auf 15 cm vereinzeln; blühen im zweiten Jahr und säen sich danach von selbst aus
Hinweis: Die essbaren Blüten geben einen heilsamen Hustentee; Lieblingsblume der Kinder für Blütenkränze

Kleiner Winterling
Eranthis hyemalis

Aussehen: Die leuchtend gelben Blüten des 10 cm hohen Hahnenfußgewächses trotzen Schnee und Eis und gehören mit Schneeglöckchen zu den ersten Frühstartern; handförmig geteilte Hochblätter direkt unter der Blüte
Standort und Pflege: pflegeleicht und anspruchslos; Knollen im Herbst 5 cm tief in die Erde setzen, am besten in Gruppen; feuchter Standort im lichten Schatten unter Laub abwerfenden Gehölzen, bilden dort große Kolonien; breitet sich über Samen und Wurzelausläufer aus
Hinweis: Besonders die Wurzelknolle ist giftig!

Dem Boden auf den Grund gehen

Ein guter Boden ist das Erfolgsrezept für üppiges Wachstum und reiche Ernte. Locker und humusreich soll er sein, damit Blumen, Gemüse und Sträucher sich so richtig wohl fühlen und ihre Wurzeln ausreichend Halt und Nahrung finden.

Boden ist nicht gleich Boden. Bevor Sie Ihr neues Grundstück bepflanzen oder den schon vorhandenen Garten nutzen, sollten Sie den Untergrund unter die Lupe nehmen. Je nach Ausgangsgestein können die Beschaffenheit und damit die Voraussetzungen für das Pflanzenwachstum nämlich sehr unterschiedlich sein. Greifen Sie zum Spaten und graben Sie ein etwa 30 cm tiefes Loch. Zusammen mit Kindern ist die Bodenuntersuchung eine spannende Entdeckungsreise in die Unterwelt.

Die Bodeneigenschaften

Bereits beim ersten Einstich merken Sie, ob der Boden verdichtet, porös oder mit Steinen durchsetzt ist. In der Regel kann man die verschiedenen Bodenschichten im Profil gut erkennen. Über dem steinigen Untergrund hat sich je nach Bodenart tonige, lehmige oder sandige Erde gebildet, und ganz oben befindet sich die dunkle Humusschicht. Die Spatenprobe bringt auch an den Tag, wie viele Regenwürmer und Bodentiere sich hier tummeln. Je mehr, desto besser, denn ein reiches Bodenleben ist ein guer Indikator für die Bodenfruchtbarkeit.

Die Krümelprobe

Um mit dem Boden vertraut zu werden, muss man ihn spüren. Nehmen Sie dazu etwas Erde in die Hand und versuchen Sie eine Kugel zu formen. Mit feinkörnigem Lehmboden sollte das gelingen, grobkörniger Sandboden dagegen zerbröselt schnell. Die Korngröße der verschiedenen Bodenarten wirkt sich auch auf die Bodeneigenschaften aus:

➤ **Lehmiger oder toniger Boden** enthält feine Tonminerale, die Wasser und Nährstoffe optimal speichern. Das ist gut für die Pflanzen, zum Bearbeiten aber nicht einfach. Bei Regen bleiben zentimeterdicke Stollen an den Gummistiefeln kleben. Das Umgraben ist schwer und mühsam. Nasser, verdichteter Lehm ist nach dem Trocknen hart wie Beton.

➤ **Sandiger Boden** ist leicht zu bearbeiten. Er erwärmt sich zwar im Frühjahr schnell, seine Speicherkapazität für Wasser und Nährstoffe ist aber schlecht. Das bedeutet: öfter düngen und im Sommer viel gießen!

Die Bodenfruchtbarkeit

Wichtig zur Beurteilung der Bodenqualität sind auch Nährstoffgehalt und Struktur des Bodens. Dunkle Farbe und würziger Geruch nach Walderde sind ein gutes Zeichen für hohen Humusgehalt. Zusammen mit den im Boden enthaltenen so genannten Tonmineralen bildet sich das bei allen Gärtnern so begehrte krümelige Gefüge, dessen Entstehung maßgeblich auf die Tätigkeit der Regenwürmer zurückzuführen ist.

➤ **Humus** entsteht aus abgestorbenen Pflanzenteilen, die von Regenwürmern, Asseln, Tausendfüßlern, unzähligen anderen Bodentieren und Mikroorganismen gefressen, verdaut und zersetzt werden. Das Endprodukt sind stabile Bodenkrümel. Man nennt

CHECKLISTE

Reif für den Kompost?

Nicht alle organischen Abfälle eignen sich zum Kompostieren:

WIR DÜRFEN REIN:

- ✔ zerkleinerte Äste
- ✔ Unkraut (ohne Samen)
- ✔ Rasenschnitt und Laub
- ✔ rohe Küchenabfälle und Kaffeefilter
- ✔ verwelkte Blumen (Pflanzenreste)

WIR MÜSSEN DRAUSSEN BLEIBEN:

- ✔ kranke Pflanzen
- ✔ gekochte Speiseabfälle
- ✔ »gespritzte« Zitrusschalen

Auch in einem so dekorativen Korbgeflecht für Kompost verwandeln sich Grünabfälle in fruchtbaren Humus.

sie auch das »Gold des Gärtners«, weil sie den Boden »gar« machen, also fruchtbar und locker. Genau richtig für Aussaat und Pflanzung.

➤ **Tonminerale** binden wertvolle Pflanzennährstoffe wie Kalzium, Magnesium und Stickstoff und beeinflussen damit wesentlich den Nährstoffgehalt und pH-Wert des Bodens. Mittels Teststreifen (aus dem Gartencenter oder dem Zoofachhandel) kann man den pH-Wert leicht selbst ermitteln. Ideal ist ein mittlerer Wert um 7.

Kompost anlegen

An guten Humus zu gelangen ist nicht schwer. Der beste und günstigste Lieferant dafür ist reifer Kompost. Wählen Sie für die Anlage eines Kompostplatzes einen schattigen Ort, der gut zugänglich ist. Für kleine Gärten empfiehlt sich ein Behälter aus Holzlatten, Draht oder Kunststoff. Schneiden Sie Stängel und Äste klein, bevor sie in den Kompost wandern. Vermischen Sie frische Abfälle mit angerottetem Material. Das erleichtert den vorhandenen Bakterien die Arbeit. Die Umsetzung dauert 5–6 Monate, in einem Thermokomposter dagegen nur etwa 3 Monate.

Den Boden verbessern

Locker und gut durchlüftet, feucht und nährstoffreich soll er sein, aber nicht jeder Boden erfüllt die Anforderungen, die die Pflanzen an ihn stellen. Wenn Sie den Boden auf natürliche Weise pflegen, sorgen Sie für dauerhaften Humus im Gartenbeet. Mit ein paar einfachen Methoden können Sie selbst sehr sandige und schwere Böden verbessern:

➤ **Auflockern:** Regelmäßige, schonende Bodenbearbeitung mit einem Grubber wirkt Wunder. Die Oberfläche wird krümelig und nimmt das Wasser besser auf. Ein harter, verdichteter Oberboden sollte zunächst grobschollig mit einer Grabegabel oder einem Spaten bearbeitet werden (→ Seite 38/39). Gereifte Böden lockert man, ohne sie zu wenden, damit die natürliche Bodenschichtung nicht durcheinander gerät.

➤ **Mulchen** ist Balsam für den Boden. Eine Schicht aus Laub, Grasschnitt oder kleingehäckselten Pflanzenresten auf dem Boden wirkt als zusätzlicher Nährstofflieferant und hält den Boden darunter feucht.

➤ **Vitalisieren:** Eine Gabe Sand bringt Luft in schwere Lehmböden. Tonminerale wie Bentonit oder Gesteinsmehl dagegen machen lockere Sandböden bindiger.

➤ **Humusgaben,** z. B. durch Kompost, verbessern beide Bodentypen: Sie machen Lehm lockerer und Sand speicherfähiger. Wenn Sie keinen eigenen Kompost haben, können Sie ihn im Kompostierwerk besorgen. Manche Gemeinden schreddern und kompostieren Gehölz- und Grünabfälle.

➤ **Düngen** Sie nicht die Pflanze, sondern den Boden. Organisch-mineralische Dünger wirken langfristig, da ihre Wirkstoffe erst nach und nach von den Bodenlebewesen umgesetzt werden. Chemisch-synthetische Dünger lösen sich im Bodenwasser auf und werden direkt von der Pflanze aufgenommen. Richten Sie sich nach den Mengenangaben auf der Packung: Zu viel kann den Pflanzen schaden.

➤ **Gründüngung** lockert den Boden und reichert ihn mit Nährstoffen an. Ausgesäte Gründüngungspflanzen wie Ackerbohne, Gelbsenf oder Phazelia schneidet man nach der Blüte ab und arbeitet sie in den Boden ein. Einige, wie Klee und Lupine, reichern in den Wurzeln Stickstoff aus der Luft an, von dem Folgekulturen profitieren.

Anfassen, kneten, bröseln, riechen und formen – nur so bekommt man ein Gefühl für den Boden im Garten.

»Rechen«künstler im Beet

Von nichts kommt nichts – wenn aus einem Stück Wildnis ein prächtiges Beet werden soll, ist es zunächst nötig, den Boden dafür zu präparieren. Erst in einem lockeren und krümeligen Erdreich werden sich die Pflanzen üppig und gesund entwickeln.

Um Ihren Grund und Boden in fruchtbare Gartenerde zu verwandeln, müssen Sie erst einmal die Ärmel hochkrempeln und sich etwas ins Zeug legen. Boden verbessernde Maßnahmen (→ Seite 36/37) sind unerlässlich, um das Beet auf die Pflanzung vorzubereiten.

Den Boden bereiten

Wählen Sie einen geeigneten Standort für die Pflanzung aus. Ein Gemüse- oder Kräuterbeet sollte sonnig liegen und nicht breiter als 1,20 m sein, damit man es noch von der Seite bearbeiten kann. Für Blumenrabatten eignet sich je nach Bepflanzung auch eine halbschattige Lage. Markieren Sie den Bereich mit einer um vier kleine Stecken herumgeführten Schnur.

Auf Neuland

In einem frisch angelegten Garten ist der Mutterboden oft durch Baumaschinen verdichtet und muss zunächst tiefgründig mit einem Spaten umgegraben werden. Gras und Unkräuter werden dabei nach unten gewendet. Um sich die weitere Feinarbeit (s. u.) zu erleichtern, gibt es einen Trick: Graben Sie im Herbst um und warten Sie mit der Bepflanzung bis zum Frühjahr, denn bis dahin ist das Unkraut verrottet, und der Frost hat die Erdbrocken förmlich »gesprengt«. In den krümeligen Boden sät man im März/April Gründüngungspflanzen (→ Seite 37). Auch Kartoffeln sind gute »Pioniere«, die den Boden tief durchwurzeln, fruchtbar machen und Unkraut keine Chance lassen. Bei großen Grundstücken kann man sich eine Fräse für die Grobarbeit ausleihen.

Auf reifem Boden

Wenn die Beete bereits einige Jahre bewirtschaftet wurden, hat sich eine stabile Humusschicht gebildet. Dann genügt es, die Krume mit einer Grabegabel zu lockern. Dazu sticht man die Gabel in den Boden und bewegt sie kräftig vor und zurück. Dabei gelangt Luft tief in das Erdreich, und fester Boden wird grob zerkleinert.

Die Feinarbeit

Für die weitere Aufbereitung des Bodens zerkleinern Sie grobe Klumpen mit einer Harke und arbeiten Sie als Humusgabe eine zwei Finger dicke Schicht Kompost auf der Fläche ein. Nährstoffe kann man auch in Form eines organischen Langzeitdüngers zuführen und alles leicht in die Oberfläche einarbeiten. Ziehen Sie schließlich die Krume mit einem Rechen glatt. Ist das Beet für die kommenden Pflanzenkulturen locker genug? Machen Sie die Probe! Stecken Sie die Finger in die Erde. Nur wenn das Erdreich luftig und weich ist, können sich die zarten Pflanzenwurzeln darin ausbreiten. Diesen Zustand bezeichnet man als Bodengare. Erhalten Sie ihn, indem Sie das Beet bei Nässe nicht betreten. Stellen Sie sich beim Säen und Pflanzen auf ein Brett. So verteilen Sie Ihr Gewicht besser und verdichten die gelockerte Erde nicht.

Grenzen setzen

Klare Grenzen nach außen halten Unkräuter und Schnecken ebenso wie auch Hunde oder Katzen fern. Sie sehen zudem hübsch aus und geben dem Ganzen Struktur. Häufig sieht man Reihen aus langsam wachsendem Buchs, der aber leicht giftig ist und sich in einem Haushalt mit Kleinkindern nicht empfiehlt. Als preisgünstige Alternative kann man ein ca. 30 cm hohes Weidengeflecht selber bauen (→ Seite 80/81). Kindern macht das großen Spaß. Das Material gibt es z. B. in spezialisierten Gartenbaubetrieben, oder beim Versand für Flechtmaterial (→ Seite 139). Stecken Sie einige Haselstecken senkrecht in die Erde und weben Sie Weidenruten quer hinein. Kräuter wie Lavendel, Schnittlauch oder Thymian eignen sich ebenfalls, um Beete einzufassen und erfüllen gleich mehrere Zwecke: Sie duften gut, wenn man an ihnen vorbeistreift, blühen schön und schmecken lecker. Eine dauerhafte Lösung sind Kantensteine, während Holzlatten oder -bohlen mit der Zeit verwittern.

1

Am Anfang steht der Spatenstich
Zunächst wird der Boden grobschollig mit dem Spaten umgegraben. Dabei wird die Grasnarbe komplett gewendet, damit sie verrottet. Die Schollen lässt man entweder den Winter über liegen oder, wenn man im Frühling umsticht, etwa 2–3 Wochen ruhen.

Feinarbeit gewusst wie
Ein Krümler ist so etwas wie ein Rührgerät fürs Beet. Mit dem zackigen Werkzeug fährt man so lange durch die Klumpen, bis feine Krümel entstehen. Für harten Boden eignet sich eine Hacke mit Zinken.

2

3

Sahnehäubchen für Mutter Erde
Eine Wohltat für Boden und Pflanzen ist die Zugabe von Kompost. Tragen Sie das fruchtbare Gartengold 1–2 Finger dick auf und verteilen Sie es gleichmäßig. Durch die Bodenorganismen wirkt Kompost auf den Boden wie Hefe im Teig.

EIN BEET ANLEGEN

ZEITBEDARF:
je nach Größe des Beetes 1–2 Std.

MATERIAL:
- 4 Stecken pro laufenden Meter
- ausreichend lange Schnur
- Kompost oder organischer Langzeitdünger
- bei Neuanlage evtl. Gründüngungssamen

WERKZEUG:
- Spaten zum Umgraben
- Grabegabel zum Lockern der Krume
- Harke zum groben Zerkleinern von Bodenklumpen
- Krümler zum feinen Zerkleinern
- Rechen zum Glattziehen

4

Das Bett ist gemacht
Mit einem Rechen wird der Kompost locker mit der obersten Schicht vermischt. Anschließend wird die Oberfläche glatt gezogen. Das Beet ist jetzt startklar zur Einsaat oder zum Bepflanzen.

So geht die Saat auf

Im Frühjahr, wenn alles sprießt und keimt, werden kleine und große Gärtner ungeduldig. Jetzt ist es Zeit, die Beete zu bestellen und aus Samenkörnern Pflanzen zu ziehen. Ob draußen im Garten oder auf der Fensterbank – gemeinsam mit Kindern sind das fantastische Erlebnisse.

Ob ein Samenkorn keimt, hängt von der Temperatur und der Feuchtigkeit im Boden ab. Manche Pflanzen kann man bereits im März oder April draußen kultivieren, sobald sich der Boden erwärmt. Andere brauchen die Kinderstube auf der warmen Fensterbank, um richtig loszulegen. Direkt aufs Beet sät man z. B. Möhren, Radieschen, Kresse, Spinat, Pflücksalat, Erbsen, Löwenmäulchen oder Ringelblumen. Auf der Fensterbank vorziehen sollte man Tomaten, Basilikum, Kürbis, Zucchini, Gurken, Andenbeere, Kapuzinerkresse und Tagetes. Diese Wärme liebenden Pflänzchen haben etwas Vorsprung nötig, denn sie dürfen erst nach den Eisheiligen Mitte Mai nach draußen.

Direkt ins Beet

Sie können die Samen von Blumen, Gemüse und Kräutern entweder breitwürfig ausstreuen oder in Gruppen und Reihen säen. In der Regel sät man Gemüse in Reihen, Blumensamen dagegen einfach in bunter Mischung aufs Beet – vorausgesetzt, der Standort stimmt. Möchte man in Gruppen oder Reihen säen, sollte man den Saatbereich vorher mit Schnüren abstecken oder mit in den Boden gezogenen Rillen markieren. Am besten richtet man sich bei der Saat immer nach den Angaben zu Saatabstand und Saattiefe auf den Samentütchen.

In Reih und Glied

Für eine Reihensaat zieht man zunächst eine ca. 5 cm tiefe Furche, die mit gesiebtem, reifem Kompost gefüllt wird. Die Samen setzt man dann einzeln und in ausreichendem Abstand in die Furche. Wenn die Abstände zu gering sind, kann man die Pflänzchen später noch vereinzeln (pikieren). Nun drückt man die Samen fest und zieht etwas Erde darüber. Von ein paar Ausnahmen abgesehen gilt als Faustregel: Den Samen bedeckt man nur so hoch mit Erde, wie er selber dick ist.

REINE FORMSACHE

Ein Kleeblatt als Glücksbringer oder ein Liebesbeweis in Herzform? Kresse macht alles mit – man muss sie nur in Form bringen:

ZEITBEDARF:
ca. 15 Min.

MATERIAL:
- Anzuchtschale mit Erde
- 1 Stück Pappe und Papierschere
- Kressesamen, Sprühflasche

SO WIRD´S GEMACHT:
- Pappschablone ausschneiden
- eine Schale mit Erde füllen
- Schablone drüberlegen
- Kressesamen in die Form streuen
- regelmäßig befeuchten

1

Ein Kresseherz macht jeden froh
Fast zu schade zum Ernten – schon wenige Tage nach der Aussaat reckt sich der grüne Teppich dem Licht entgegen, in welcher Form auch immer.

Abc am laufenden Meter
Auf Saatbändern liegen die einzelnen Samen schon im richtigen Abstand – nun muss man nur noch »schreiben«.

2

1

Aussäen

In der bis ca. 1 cm unter den Rand mit Anzuchterde gefüllten Aussaatschale werden die Samen in möglichst gleichmäßigen Abständen ausgestreut.

2

Abdecken

Über die Samen streut man eine dünne Schicht Erde – fein verteilt durch ein Sieb. Nun wird das Ganze mit Wasser besprüht und mit einer Kunststoffhaube zugedeckt.

3

Vereinzeln

Wenn die jungen Sämlinge heranwachsen, wird ihnen der Platz bald zu eng. Mit einem Hölzchen oder Pikierstab pflanzt man sie dann in Töpfe um.

Auf so genannten Saatbändern sind die Samen schon im richtigen Abstand in ein verrottbares Vlies eingebettet. Damit wird vor allem Kindern das Säen leicht gemacht. Das Band wird in die Furche gelegt, festgedrückt und mit der Gießkanne angefeuchtet. Dann zieht man eine Schicht Erde darüber. Damit Vögel das Saatband nicht herausfischen, deckt man das Beet mit einem Netz ab oder spannt eine Schnur mit Alu-Bändern.
Kinder legen gerne Muster mit Samen, z. B. als Kreis, Spirale oder in Schlangenlinien. Ein ausgesäter Schriftzug begrüßt einen dann z. B. mit einem freundlichen »HALLO«.

In Topf und Schale

Für die Anzucht im Haus ist ein Mini-Gewächshaus oder eine Aussaatschale mit Deckel ideal. Um die Saat feucht zu halten, kann man ersatzweise auch eine durchsichtige Plastiktüte über die Aussaattöpfchen stülpen und am Topfrand festbinden.
Als Gefäße eignen sich kleine Blumentöpfe oder flache Schalen mit Abzugsloch, aber auch leere Jogurtbecher oder Eierkartons. Man füllt sie mit Aussaaterde und streut die Samen je nach Größe nicht zu dicht darauf. Nun siebt man etwas Erde darüber, befeuchtet die Erde mit einer Sprühflasche und stellt das Gefäß in ein Mini-Gewächshaus oder schützt es mit Plastikfolie vor Austrocknung. Lichtkeimer wie die Kresse werden nicht mit Erde bedeckt. Man klopft den Samen nur leicht fest. Nun heißt es abwarten und in der Zwischenzeit die Erde gut feucht halten.
Große Samen wie die von Kürbissen gedeihen gut in so genannten Torfquelltöpfen. Diese sind im trockenen Zustand zu flachen Scheiben zusammengepresst und quellen zu kleinen handlichen Ballen auf, wenn man sie einige Minuten ins Wasser legt.
Damit sich die jungen Pflänzchen nicht gegenseitig behindern, werden sie vereinzelt, sobald sich nach den Keimblättern die ersten »richtigen« Blätter zeigen. Man hebt den Keimling mitsamt Wurzel vorsichtig, z. B. mit dem Stil eines Kaffeelöffels oder einem speziellen Pikierholz, aus der Erde und verpflanzt ihn einzeln in Blumentöpfe. Dabei setzt man ihn etwas tiefer als vorher und drückt ihn vorsichtig fest, dann wächst er schnell an. In Töpfen mit nahrhafter Blumenerde wird er bald zum kräftigen Setzling. Tomaten oder Kürbisse sollten Sie vor dem Auspflanzen nach draußen an einem geschützten Platz stundenweise an das für die Pflanzen ungewohnt intensive Licht und die Außentemperaturen gewöhnen.

Wenn Pflanzen Wurzeln schlagen

Mit Stauden und Gehölzen bekommt der Garten dauerhaft Struktur. Wenn sie erst einmal an Ort und Stelle sind, hinterlassen sie einen bleibenden Eindruck. Schöne Aussichten für kleine und große Gärtner, die sich jedes Jahr auf neue Blüten und Früchte freuen können.

Das A & O beim Pflanzen ist die richtige Auswahl von Gewächsen für den vorgesehenen Platz. Lassen Sie sich in einer Gärtnerei beraten oder achten Sie beim Kauf auf die Etiketten an den Pflanzen. Sie geben Aufschluss über Standortansprüche (Sonne oder Schatten) und Eigenschaften (z. B. Höhe und Blütezeit). Kräftige, unbeschädigte Triebe und Blätter sowie frische, helle Wurzeltriebe sind ein Zeichen für gesunden Wuchs.

Gehölze werden entweder als so genannte Containerpflanze im Topf angeboten oder als »Ballenware«, bei der der Wurzelballen mit Erde in Sackleinen eingeschlagen ist. Als wurzelnackte Gehölze (ohne Erde) werden im Herbst auch häufig Rosen verkauft. Eingetopfte Gehölze kann man das ganze Jahr über pflanzen, während Ballenware und wurzelnackte Gehölze frisch dem Boden entnommen sind und möglichst gleich nach dem Kauf an frostfreien Tagen im Herbst oder Frühjahr eingepflanzt werden sollten.

Blütenpracht auf Dauer

Im Gegensatz zu einjährigen Sommerblumen treiben mehrjährige Stauden jedes Jahr aufs Neue Blätter und Blüten. Nur ihre oberirdischen Teile sterben im Winter ab. Da ein Staudenbeet im Lauf der Jahre immer mehr einwächst, sollte man die Pflanzen zu Beginn nicht zu eng setzen und in den ersten Jahren lieber ein- und zweijährige Sommerblumen als Lückenfüller dazwischensäen.

Vor dem Einpflanzen verteilt man die Pflanzen zunächst über das vorbereitete Beet (→ Seite 38/39), um ihren Standort festzulegen. Graben Sie dort mit der Pflanzschaufel Löcher, die doppelt so groß sind wie der Durch-

SO WIRD EINGEPFLANZT

ZEITBEDARF:
ca. 5 Min. pro Pflanze

MATERIAL:
- Kompost oder organischer Dünger
- diverse mehrjährige Stauden oder Setzlinge von Einjährigen

WERKZEUG:
- Pflanzschaufel
- Gießkanne mit Wasser
- Rechen zum Glattziehen

1

Pflänzchen einsetzen
Egal, ob junge Setzlinge oder Stauden: Die Pflanzen werden im richtigen Abstand auf dem Beet verteilt und mit der Pflanzschaufel in die gelockerte Erde gesetzt.

Gut gebettet
Nun drückt man die Erde rund um den Wurzelballen sanft fest und recht die Krume glatt. Dann wird angegossen.

2

1 **Ein eigenes Apfelbäumchen**
Für die Pflanzung wird eine Grube ausgehoben, die doppelt so groß ist wie der Ballen. Vor dem Einsetzen lockert man den Wurzelballen mit den Fingern.

2 **Stütze und Halt mit der Achterschleife**
Ein Stützpfahl hält das Bäumchen mit einem Kokosstrick in der gewünschten Position. Dazu bindet man den Strick in Form einer liegenden Acht um Stamm und Pfosten.

3 **Einpflanzen macht durstig**
Nun heißt es: Wasser marsch! Ein Gießrand um das aufgefüllte Pflanzloch verhindert, dass das nötige Gießwasser nicht gleich seitlich wieder abfließt.

messer des Wurzelballens, und füllen Sie etwas Kompost hinein. Nun holt man die Staude aus dem Topf, setzt sie in das Pflanzloch und füllt ringsum Erde auf. Drücken Sie die Erde um den Ballen fest und gießen Sie den Wurzelbereich. Sitzt die Pflanze fest? Machen Sie den Test, indem Sie ganz vorsichtig an einem Blatt ziehen. Die Pflanze darf sich nicht rühren. Nur durch guten Bodenkontakt wächst sie schnell und sicher an. Am Schluss rechen Sie das Beet glatt.

Standhafte Gehölze

Einen Baum zu pflanzen ist immer ein Ereignis. Mehr noch als andere Pflanzen im Garten ist er ein Symbol für Wachstum und Dauerhaftigkeit. Natürlich braucht er einen geeigneten Standort, damit er sich gut entwickeln und richtig entfalten kann. Oft wird nicht bedacht, wie groß ein Baum im ausgewachsenen Zustand ist oder wie viel Platz eine Hecke im Lauf der Jahre beansprucht. Pflanzen Sie Gehölze nicht zu eng und beachten Sie die gesetzlichen Mindestabstände zum Haus und an den Grundstücksgrenzen. Für eine Hecke benötigen Sie je nach Art 2–4 Pflanzen pro laufenden Meter. Für ein Spielgebüsch pflanzt man versetzt 3–4 Gehölze pro m^2. Stellen Sie zunächst den Wurzelballen im Topf oder Ballentuch in eine Wasser gefüllte Wanne. Das Tuch wird erst nach dem Einsetzen in die Erde losgebunden. Nun hebt man mit dem Spaten eine Pflanzgrube aus, die doppelt so groß ist wie der Durchmesser des Wurzelballens. Durch leichtes Anschneiden der Wurzelspitzen mit der Gartenschere regen Sie die Bildung neuer Faserwurzeln an. Dann wird der Baum bis zum Stammansatz in die Erde gesetzt. Die Veredelungsstelle sollte eine Handbreit aus dem Erdboden herausschauen (nur bei Buschrosen darunter). Als Stütze dient ein Pfahl, der neben dem Ballen an der Wetterseite eingeschlagen wird. Nun richtet man den Baum gerade aus und füllt nach und nach Erde auf. Am Schluss formt man einen Gießrand und wässert ausgiebig. Mit einem Kokosstrick bindet man den Baum am Pfahl fest. Dabei windet man den Strick in Form einer liegenden Acht um Stamm und Pfahl (→ Abb. 2). Um gut anzuwachsen, braucht das Bäumchen nun regelmäßig Wasser. Sträucher pflanzt man genauso, nur wird meist kein Pfahl als Stütze benötigt. Sie brauchen Zeit, um sich zu entwickeln, und werden im ersten Jahr besser noch nicht als Spielgebüsch strapaziert. Zur Erinnerung daran umgrenzen Sie die Pflanzung mit einem Absperrband.

Waldglockenblume
Campanula latifolia var. *macrantha*

Aussehen: heimische, attraktive Waldpflanze; aufrechter Wuchs, 1 m hoch; blüht von Juni bis Juli mit großen, dunkelvioletten Glocken in lockeren Blütentrauben
Standort und Pflege: humusreicher Boden vor Sträuchern oder Bäumen; schattig und kühl; mit Laub oder Holzhäcksel mulchen; damit sie nicht umfallen, bindet man die Stiele mit Schnur locker an einem Bambusstock fest.
Hinweis: Sorten mit weißen Blüten hellen schattige Bereiche sehr schön auf und passen besonders gut zu Farnen, Gräsern oder Funkien.

Stauden und Gräser:

Sonnenhut
Rudbeckia-Arten

Aussehen: kegelförmig aufgerichteter Blütenkorb und nach unten geneigte Blütenblätter; die 70 cm hohe *Rudbeckia sullivantii* »Goldsturm« hat leuchtend gelbe Blütenblätter mit einem dunkelbraunen Herz und blüht von Juli bis Oktober.
Standort und Pflege: anspruchslos, sonniger Standort; häufiger Schnitt der Blütenstängel fördert neue Blüten
Hinweis: *Rudbeckia nitida*, auch der »Stolze Heinrich« genannt, wird bis zu 2 m hoch. Die zitronengelben Blüten mit ihrer steil nach oben gerichteten Mitte erinnern an jemanden, der die Nase nach oben trägt.

Lampenputzergras
Pennisetum alopecuroides

Aussehen: wegen der auffallenden Ähren in Flaschenbürstenform mit weichen braunen Borsten auch Federborstengras genannt; kleine und große Sorten von 40–90 cm Höhe; dichte, buschige Horste mit langen, überhängenden Blättern
Standort und Pflege: lehmige Erde; für sonnige, aber nicht zu trockene Rabatten; in trockenen Sommern ausreichend gießen; Rückschnitt nach dem Winter
Hinweis: sehr schön als Solitärpflanze und in Blumensträußen; passt auch wunderbar zu Wildstaudenpflanzungen oder an den Teichrand, bis in den Winter hinein attraktive Ähren

Japananemone
Anemone-Japonica-Hybride

Aussehen: bis 1,20 m hohe Staude aus Japan und China; von August bis Ende Oktober hübsche weiße oder rosafarbene Blüten mit gelben Staubgefäßen
Standort und Pflege: langlebige, unempfindliche Staude; ideale Pflanze für den Gehölzrand im leichten Schatten; liebt durchlässige, aber humose und feuchte Böden; in kalten Gegenden Winterabdeckung mit Laub empfehlenswert; sehr hübsche Schnittblume
Hinweis: zaubert mit lila Herbstastern, Gräsern und Sträuchern Herbststimmung in den Garten

die Dauergäste im Beet

Funkie
Hosta undulata

Aussehen: Schmuckstaude mit buschigem Wuchs; es gibt *Hosta*-Arten mit blaugrünen oder goldgelben Blättern mit grünem oder weißem Rand; das Blatt von *Hosta undulata* ist herzförmig mit einem weißen Streifen in der Mitte, der Rand ist leicht gewellt; im Juli zeigen sich helle Blüten.
Standort und Pflege: gedeiht im lichten Schatten unter Bäumen und am Teichrand in nährstoffreichen Böden; braucht ausreichend Platz
Hinweis: die Blätter leuchten und geben Struktur; hübsch in Rabatten, Kübeln und Sträußen

Phlox
Phlox paniculata

Aussehen: 80–90 cm hohe, aufrechte Staude mit Blüten in dicht verzweigten Doldentrauben; je nach Sorte rosa, weiß, rot oder violett von Juni bis September blühend; meist mit dunklerem Auge in der Mitte; feiner Duft
Standort und Pflege: Phlox ist ein Sonnenkind. Er gedeiht am besten in nährstoffreichen, frischen Böden; regelmäßig gießen; bei handbreitem Rückschnitt der verblühten Stängel blühen sie ein zweites Mal.
Hinweis: Phlox bringt Beete zum Leuchten und gibt Gärten im Bauerngartenstil das richtige Flair.

Wurmfarn
Dryopteris filix-mas

Aussehen: bis zu 1 m hoch; Wuchs in trichterförmigen Horsten; die gefiederten Wedel tragen auf der Blattunterseite braune Sporenhäufchen
Standort und Pflege: liebt feuchten, humosen Boden mit Laub- oder Rindenmulch; benötigt keine Pflege außer dem Rückschnitt im Frühjahr; passt gut in eine schattige Rabatte, unter Bäume oder an den Gehölzrand
Hinweis: Waldpflanze, die einen Hauch von Wildnis im Garten verbreitet; die dekorativen Farnwedel dienen als Verkleidung für kleine Feen und Zauberer.

Stauden und Gräser:

Indianernessel
Monarda-Hybriden

Aussehen: Die Indianernessel kommt aus Nordamerika. Sie wird bis zu 1 m hoch und blüht von Juli bis September in quirligen Blüten. Die Farben reichen von Karmin-, Lachs- oder Purpurrot bis Violett. Die Blätter duften fein.
Standort und Pflege: Die Monarde mag nährstoffreiche, humose Böden in Sonne oder Halbschatten; braucht Feuchtigkeit; gute Schnittblume.
Hinweis: Aus den aromatisch duftenden Blättern kann man einen herrlichen Erfrischungstee herstellen. Die Blüten sind eine ergiebige Bienenweide.

Taglilie
Hemerocallis-Hybriden

Aussehen: 60 cm bis 1 m hoch; horstartiger Wuchs mit langen, schlanken, gebogenen Blättern; blüht im Juni bis Juli; einzelne Blüten erscheinen jeweils nur einen Tag mit typischer trompetenartiger Lilienform; Farben von Gelb, Orange über Rosa und Apricot bis zu Rotbraun
Standort und Pflege: nährstoffreiche Böden in Sonne oder Halbschatten; Stiele nach dem Verblühen abschneiden; ansonsten pflegeleicht; ungestört wachsen lassen
Hinweis: Blüten sind essbar; passt gut in natürliche Bepflanzungen zusammen mit Gräsern; schön am Teichrand

Bart-Iris
Iris-Barbata-Elatior-Gruppe

Aussehen: Staude mit kriechendem Wurzelstock, dem schwertförmige Blätter und die bis zu 1 m hohen Blütenstiele entspringen; blüht Mai bis Juni; große, oft mehrfarbige Blüten in Hellblau, Dunkelviolett, Rosa, Gelb, Weiß, creme- oder kupferfarben mit auffallenden Formen
Standort und Pflege: anspruchslos; wächst auch in trockenen, steinigen Böden; leicht über Teilung der Wurzelknollen zu vermehren; waagerecht einpflanzen und nur wenig mit Erde bedecken; Rückschnitt nach der Blüte
Hinweis: viele prachtvolle Sorten mit schönem Duft

die Dauergäste im Beet

Glattblatt-Aster
Aster novi-belgii

Aussehen: weit verbreitete Staude, die sich durch Wurzelausläufer vermehrt; bildet aufrechte, kräftige, bis 1,40 m hohe Stiele; blüht von September bis Oktober; mit den zahlreichen blauen und violetten Blütensternchen in dichten Blütenrispen ist sie im Herbst die Attraktion im Garten
Standort und Pflege: sonnig; nahrhafter Boden; wegen Mehltaugefahr gut feucht halten; besonders robust ist die verwandte Raublattaster (*Aster novae-angliae*) mit rubinroten Blüten; Wurzelballen lässt sich gut teilen und verpflanzen
Hinweis: Blüten locken noch aktive Schmetterlinge an.

Margerite
Chrysanthemum maximum

Aussehen: typische Sommerblume aus der Familie der Korbblütler; wächst horstartig mit gezähnten Blättern an aufrechten Stängeln, bis 50 cm hoch; blüht Mai bis Juni; Blüten mit weißem Strahlenkranz und einer gelben Mitte
Standort und Pflege: liebt humusreiche, lehmige, aber nicht zu schwere Böden in voller Sonne; häufiges Teilen und Verpflanzen verlängert die Lebensdauer
Hinweis: Gartenform der bei uns heimischen Wiesenmargerite; hübsch für lang haltbare Sträuße und in bunten Sommerbeeten oder Blumenkästen

Den Garten entdecken und erleben

Mit Kindern zu gärtnern ist ein sinnliches Vergnügen. Neugierde und Begeisterung sind schnell geweckt, wenn sich kleine Gärtner mit Natur und Pflanzen beschäftigen. Da entstehen aus Samenkörnern blühende Beete, Duftpflanzen oder Leckeres zum Naschen. Es gibt eine Fülle von Ideen und Gartenprojekten, die mit geringem Aufwand große Wirkung zeigen und Kinder staunen lassen.

Früh übt sich ...

Die ersten eigenen Tomaten ernten, süße Erdbeeren naschen, den Stangenbohnen beim Klettern zusehen – das sind Erfahrungen, die unvergesslich bleiben. Beim Gärtnern erleben Kinder die Natur hautnah. Mit etwas Anleitung durch die Großen lässt der Erfolg nicht lange auf sich warten.

Ein Garten bietet vieles, um die kindliche Neugier zu befriedigen. Kleine Gärtner können erforschen, wie Pflanzen und Tiere leben, wie sie entstehen und vergehen. Sie lernen, dass aus einem befeuchteten Samenkorn ein Pflänzchen sprießt, wie Marienkäfer und ihre Larven Blattläuse vertilgen und damit das ökologische Gleichgewicht erhalten oder dass Regenwürmer Pflanzenabfälle fressen und in duftende Erde verwandeln.
Ein verantwortungsvoller Umgang mit allem, was kreucht und fleucht ist wichtig, um zu verhindern, dass die Kleinen vielleicht eine unbegründete Abscheu vor bestimmten Tieren entwickeln. Beim Gärtnern erfahren Kinder viel über die Zusammenhänge von Wasser, Licht, Erde und Organismen. und erfahren, wie neues Leben entsteht. Alles Lebendige will sich fortpflanzen und vermehren. Die wundervolle Kraft, die in der Natur steckt, wirkt beruhigend und schafft Vertrauen. Gärtnern heißt, an diesem Wunder teilzuhaben.

Ein eigenes Beet

Durch richtige Pflege (→ ab Seite 120) gedeiht bald alles prächtig. Aber sehr viel Geduld und Ausdauer kann man gerade von kleinen Kindern noch nicht erwarten. Deshalb sollten die Eltern im Hintergrund ein bisschen mitsteuern und ihre Erfahrungen behutsam einbringen. Beim Gießen, Hacken und Düngen kann man den Kindern zeigen, wie man es richtig macht und ihnen ruhig mal unter die Arme greifen, wenn sie die Geduld verlieren.
Damit Ihre Kinder erste Erfahrungen als kleine Gärtner sammeln können, richten Sie Ihnen am besten ein eigenes kleines Beet mit gutem Gartenboden ein (→ Seite 38/39), auf dem sie ihre Wunschpflanzen anbauen können (→ Seite 70/71). Helfen Sie bei der Auswahl von robusten, bunten und vor allem schnell wachsenden Arten (→ Pflanzenporträts Seite 52–55).

Mit einem eigenen Beet fühlen sich kleine Gärtner ganz groß. Durch regelmäßiges Gießen, Jäten und Hacken wachsen Mini-Pflanzen zu stattlicher Größe heran. Da kann man mächtig stolz sein!

Pflanzen fürs Kinderbeet

Es gibt eine Reihe von Pflanzen, die Kinder besonders faszinieren:

- Pflanzen, die problemlos zu gigantischer Größe heranwachsen, wie Kürbisse, Sonnenblumen, Zucchini, Feuerbohnen oder Zuckermais
- pflegeleichte Pflanzen, die kaum Arbeit machen, z. B. Ringelblumen
- süße und leckere Naschpflanzen wie Erdbeeren oder Möhren
- Pflanzen, die man vielseitig verwenden kann, z. B. Kräuter für Tee und als Duftsträußchen
- bunte Blumen, Gemüse und Kräuter mit auffälligen Farben
- Pflanzen mit auffälligen Blattformen und Fruchtständen, wie Jungfer im Grünen, Lampionblume, Wollziest oder Eselsdistel
- Pflanzen, die Insekten oder Vögel anlocken, z. B. Wilde Karde, Phazelia und Schmetterlingsstrauch

Wenn man einmal den Blumen beim Wachsen zugeschaut hat, betrachtet man sie mit ganz anderen Augen. Selbst kleinste Details sind plötzlich interessant.

➤ Duftpflanzen (→ Seite 66–69) wie Gummibärchenblume, Minze oder Schokoladenpflanze.

Im Schlaraffenland

Einjährige Sommerblumen wie Tagetes, Kapuzinerkresse, Kosmeen und Ringelblumen sind besonders blühfreudig. Sie gehören zu den Frühstartern im Garten und blühen unermüdlich den ganzen Sommer lang – ideal für kleine Gärtner, die es kaum erwarten können, bis sich die ersten Blüten öffnen. Auch Zucchinis und Kürbissen kann man beim Wachsen zuschauen. Über Nacht können ihre Ranken bis zu 1 m zulegen – was manchen Mini-Gärtner am nächsten Morgen schwer beeindruckt. Und dann erst die großen Früchte … Wie stolz ist man, das selbst gezogene Obst und Gemüse zu ernten und leckere Speisen daraus zu bereiten! Paradiesisch der Zustand, von der Hand in den Mund zu leben, wenn die süßen Beeren heranreifen.
Auch duftende Kräuter wie Basilikum ziehen Kinder magisch an. Es macht großen Spaß, an ihren Blättern zu reiben und mit verbundenen Augen zu raten, welche Pflanze das herrliche Aroma verströmt. Mit Lupe und Kamera bewaffnet gehen die kleinen Forscher ans Werk, beobachten Insekten oder versuchen den wundersamen Mikrokosmos einer Karden-Blüte oder bunte Schmetterlinge auf einer Blume mit der Kamera einzufangen.

Das Gesicht zur Sonne

Die Sonnenblume ist ein Liebling der Kinder. Wie aus einem kleinen Samenkorn eine so riesige Sommerschönheit heranwächst, dass man sich locker darunter verstecken kann, ist einfach imposant. Wie schafft sie es wohl, ihr »Gesicht« immer der Sonne zuzudrehen? Sonnenblumen zu ziehen, ist spielend leicht:
Säen Sie mit den Kindern einen Sonnenblumenkern in einen Blumentopf mit Erde oder direkt auf ein sonniges, kompostgedüngtes Beet. Nach wenigen Tagen zeigt sich der Keimling und wächst schnell heran. Während der Wachstumsphase wird regelmäßig gegossen und gedüngt. Das Hacken und Mulchen des Bodens (→ Seite 36–39) fördert das Wachstum. Hat die Pflanze dunkelgrüne Blätter und einen kräftigen Stängel, strotzt sie vor Gesundheit. Sie ist dann optimal mit Nahrung, Sonnenlicht und Wasser versorgt. Bald erscheint die Blüte. Sie sieht nicht nur schön aus, sondern sichert die Fortpflanzung. In ihrem Blütenkorb tummeln sich Bienen und Hummeln, und bald reifen über hundert Samenkörner heran. Das ergibt über hundert Sonnenblumen im nächsten Jahr. Machen Sie mit ihren Kindern doch mal ein »Wettrennen der Sonnenblumen«. Dabei werden mehrere Kerne in verschiedene Töpfe mit unterschiedlich guter Erde (z. B. Komposterde, Blumenerde und Sand) gesetzt. In nährstoffreicher Komposterde bekommen die Pflanzen ausreichend Nahrung, im sandigen Substrat dagegen weniger. Wer wird das Rennen wohl gewinnen?

Wer ist die Größte? Beim Wettlauf um die höchste Sonnenblume wachsen Kinder über sich selbst hinaus.

Zinnie
Zinnia elegans

Aussehen: farbenfroher, lang blühender Korbblütler in reicher Blütenfarbpalette von Orange, Gelb, Rosa, Rot bis Creme oder bunt gestreift von Juni bis Oktober; bis 60 cm hoch
Standort und Pflege: Sonne und Wärme liebende Art, die gute, durchlässige Böden mit Kompostdüngung schätzt; verträgt auch mal Trockenheit; auf der Fensterbank im April vorziehen und ab Mitte Mai auspflanzen
Hinweis: Die Blüten regelmäßig bis zum Ansatz herunterschneiden, das fördert buschigen Wuchs und bringt viele neue Blüten; für das Kinder-Beet eignen sich 'Liliput'-Zinnien.

Blütenpower für

Studentenblume
Tagetes-Arten

Aussehen: Korbblütler mit Blütenbällen in warmen Gelb-, Orange- und Brauntönen und mit lang anhaltender Blüte; niedrige und hochwüchsige Sorten; tief geteilte Blätter
Standort und Pflege: gedeiht in jedem Boden; Aussaat in Schalen ab März auf der Fensterbank; in Töpfe pikieren und ab Mitte Mai auspflanzen; robust, aber vor Schnecken schützen
Hinweis: hübsch als Beeteinfassung und als Kübelpflanze; eindringlicher Duft für manche unangenehm; als Schneckenschutz für den Setzling eignet sich ein Jogurtbecher ohne Boden, den Sie wie einen Stehkragen überstülpen

Strohblume
Helichrysum bracteatum

Aussehen: Korbblütler mit horstartigem, aufrechtem Wuchs; große Farbpalette mit gelben, orangefarbenen, weißen und roten Blütenköpfchen; lanzettliche Blätter
Standort und Pflege: Anzucht ab April in Schalen oder direkte Aussaat ins Beet ab Mai; Pflanzen auf 20 cm Abstand vereinzeln; bevorzugt einen vollsonnigen Platz; mäßig düngen
Hinweis: Für einen Trockenstrauß oder als bunte Sterne im Adventskranz bindet man die Blüten, noch bevor sie sich ganz geöffnet haben, zu einem lockeren Strauß und hängt sie zum Trocknen kopfunter an einen luftigen, schattigen Ort.

Kosmee
Cosmos bipinnatus

Aussehen: Korbblütler mit verzweigten, bis 1,50 m hohen Stängeln, zart gefiederten Blättern und dekorativen Blüten; die rosa, weißen und karminroten Blüten blühen unermüdlich von Juni bis zum Frostbeginn
Standort und Pflege: sonniger und warmer Standort, sonst anspruchslos; Aussaat April/Mai in guten Gartenboden; mit ca. 30 cm Abstand verpflanzen; je öfter man Blumen für die Vase schneidet, desto fleißiger blühen sie
Hinweis: Kosmeen wirken locker und luftig. Sie geben Blumenrabatten eine zarte Kopfnote.

Ringelblume
Calendula officinalis

Aussehen: gelbe und orangefarbene Korbblüten strahlen wie kleine Sonnen von Sommer bis Herbst; Namen gebend sind die geringelten Samen; ovale, leicht klebrige Blätter
Standort und Pflege: pflegeleicht und anspruchslos; Aussaat in ein sonniges Beet ab April; mit 30 cm Abstand verpflanzen; verblühte Stängel regelmäßig abschneiden, blühen dann bis zum Frost immer wieder nach und säen sich von alleine aus
Hinweis: Die Blüten eignen sich für Wetterprognosen: bleiben sie am Morgen geschlossen, wird es regnen; die heilsamen Blüten werden in Tees und Salben verwendet.

Kapuzinerkresse
Tropaeolum-Hybriden

Aussehen: wüchsige kleine, kriechende oder rankende Pflanze mit runden, mittig gestielten Blättern und leuchtend gelben, orangefarbenen und roten Blüten
Standort und Pflege: bevorzugt feuchten, nährstoffreichen Boden; ab Mai sät man die großen Samen direkt aufs Beet; ausreichend gießen und mit Kompost düngen
Hinweis: rankende Kapuzinerkresse muss nicht in die Höhe wachsen, sondern kann auch am Boden einen märchenhaften Blütenteppich bilden; die Form der Blüten ist der Kapuze einer Mönchskutte ähnlich (Name!); Blüten und Blätter sind essbar

Sonnenblume
Helianthus annuus

Aussehen: bis zu 3 m großer Korbblütler mit aufrechtem Stängel, mächtigen, herzförmigen Blättern und einer großen gelben Korbblüte mit brauner Mitte
Anzucht und Pflege: ab April die Samen direkt aufs Beet säen und später auf 40 cm Abstand vereinzeln; feuchter, humusreicher Boden mit reichlich Dünger
Hinweis: Blickfang am Gartenzaun oder im Eingangsbereich, die Köpfe »grüßen« Zaungäste schon von weitem; verzweigte Sorten in Gelb, Orange oder Rotbraun eignen sich als Schnittblumen; im Winter picken sich Vögel die reifen Samen heraus

Blütenpower für

Wohlriechende Wicke
Lathyrus odoratus

Aussehen: wüchsige Kletterpflanze mit Blattranken aus der Familie der Schmetterlingsblütler; lang gestielte Blüten mit Farbpalette von Rosa, Rot, Lila bis Weiß; bis 2 m hoch
Anzucht und Pflege: Aussaat ab April; die kugelrunden Samen werden in Wasser eingeweicht und 5 cm tief in den Boden gesetzt; Stickstoffsammler wie die Wicke brauchen keinen Dünger, aber gleichmäßige Feuchtigkeit, mulchen ist hilfreich
Hinweis: fühlt sich an einem sonnigen Gartenzaun wohl; für Balkonkästen eignen sich Zwergwicken oder Buschwicken; lieblicher Duft

Löwenmäulchen
Antirrhinum majus

Aussehen: ca. 30–60 cm hoher Lippenblütler mit gelben, rosa, roten und orangefarbenen Blüten in endständigen Trauben; Blütezeit von Juni bis Juli; Blätter dunkelgrün und lanzettlich
Anzucht und Pflege: ab April direkt in ein sonniges Beet säen, Abstand: ca. 20 cm; anspruchslos; sät sich in den Folgejahren selbst aus; auch als Schnittblume lange haltbar
Hinweis: Seinen Namen verdankt das Löwenmäulchen einem Mechanismus an der Blüte. Drückt man sie mit den Fingern zusammen, öffnet sie sich wie ein tiefer Schlund. Im Handel sind niedrige und hohe sowie hängende Sorten erhältlich.

Männertreu
Lobelia erinus

Aussehen: niedrig-buschiger Wuchs mit kleinen, tiefblauen, asymmetrischen Blüten; Juni–September; lanzettliche Blätter
Anzucht und Pflege: Aussaat im März in Schalen auf der Fensterbank; feinen Samen nur festdrücken, nicht bedecken; büschelweise pikieren; im Mai auspflanzen; gedeiht auch in mageren Böden; braucht sonnigen Stand; ausreichend feucht halten, aber keine Staunässe; nach Rückschnitt neue Blüte
Hinweis: als Einfassungspflanze oder Polsterpflanze guter Lückenfüller im Beet; hübsch auch in Balkonkästen oder als Hängelobelie in Ampeln

einen langen Sommer

Jungfer im Grünen
Nigella damascena

Aussehen: filigrane Schönheit mit gefiederten Blättern und blauen, weißen oder rosa Blüten; 30–60 cm hoch; nach dem Verblühen bilden sich erst grüne, dann hellbraune, ballonförmige Kapseln, in denen schwarze Samenkörner reifen.
Anzucht und Pflege: anspruchslos; Aussaat März bis Mai ins Beet oder in den Balkonkasten, später auf 20 cm Abstand vereinzeln; sät sich von selber aus
Hinweis: auch als »Gretel im Busch« oder »Braut im Haar« bekannt; Stiele mit hellgrünen Kapseln geben Wiesensträußen Fülle; Samenkapseln lassen sich trocknen und aufbewahren

Bartnelke
Dianthus barbatus

Aussehen: kräftiger, zweijähriger Wuchs mit dichten, samtigen Blüten in Rosa, Karmin, Dunkelrot und Weiß; im ersten Jahr bildet sich die Blattrosette, im zweiten die Blüte
Anzucht und Pflege: Aussaat im Juni; im August mit 20 cm Abstand verpflanzen; mag Sonne wie Halbschatten; einmal gepflanzt, breitet sie sich Jahr für Jahr von selber aus, dazu immer einige Stängel stehen lassen
Hinweis: duftende Bauerngartenblume, die als Randbepflanzung von Gemüsebeeten besonders hübsch aussieht; als Schnittblume sehr lange haltbar

Im Reich der Sinne

Jeder Aufenthalt im Garten ist ein sinnliches Erlebnis. Bunte Blüten veranstalten ein Farbenfeuerwerk, der Duft der Kräuter steigt einem in die Nase, Bäume rauschen im Wind, die feuchte Erde fühlt sich angenehm kühl an, und frische Beeren zergehen süß im Mund.

Durch Sehen, Riechen, Hören, Schmecken und Tasten erschließt sich uns die Welt. Mit den fünf Sinnen orientieren wir uns, lernen unsere Umgebung kennen und verstehen. Sinneswahrnehmungen lösen ganz verschiedene Gefühle aus. Ein markanter Geruch versetzt uns in den letzten Urlaub, ein bestimmtes Geräusch weckt glückliche Kindheitserinnerungen. Werden die Sinne im Gleichklang angesprochen, entsteht Wohlbefinden – die beste Voraussetzung, um genussfähig und lebensfroh aufzuwachsen. Im Garten können Kinder spielerisch ihre Sinne schulen.

Sehenswürdig

Das Auge erfreut sich an Blütenfarben, Formen und dem harmonischen Gesamtbild des Gartens. Gärten haben viele Maler und Fotografen inspiriert, z. B. Claude Monet zu seinen Seerosenbildern. Die beste Schule des Sehens ist, es selber einmal mit Pinsel und Farbe zu versuchen oder Stimmungen mit der Kamera festzuhalten. Auch mit einer Lupe eröffnen sich neue, spannende Einblicke. Da werden Schneckeneier zu Riesenkugeln und ein Krümel Erde zum Gebirge.

Momentaufnahme

Beim »Kamera-Spiel« schließt ein Kind die Augen. Ein zweites führt es zu einer schönen Stelle, z. B. zu einer besonders hübschen Blume. Auf ein Signal hin öffnet das Kind die Augen für ca. 5 Sekunden und schließt sie wieder. Dann gehen sie zu einer anderen Sehenswürdigkeit. Nach dem Rundgang versucht sich das Kind an möglichst viele Details zu erinnern.

Naseweis

An sonnigen Tagen wird der Garten zur reinsten Duftinsel. Rosen, Salbei und Lavendel erfüllen ihn mit dem Aroma ätherischer Öle. Manche Pflanzen entfalten ihren Duft, wenn man Blüten oder Blätter zwischen Daumen und Zeigefinger zerreibt oder anschneidet, bei anderen reicht eine leichte Berührung.

Duft aus der Dose

In Memory sind Kinder unschlagbar – aber auch bei dieser Variante? Für ein Duftmemory benötigt man acht Teedosen. Wählen Sie vier frische oder

Besonders intensiv lernt man einen Baum kennen, wenn man ihn blind ertastet. Gelingt es, ihn offenen Auges unter mehreren Bäumen wieder zu finden?

Gartenglück bedeutet mittendrin sein. Aromatische Kräuter, Blüten in allen Formen und Farben verführen zum Schnuppern, Spüren, Schauen und Anfassen. Polster aus blühendem Thymian verströmen auf Schritt und Tritt einen markanten Geruch.

getrocknete Duftpflanzen aus. Befüllen Sie je zwei Dosen mit Blüten oder Blättern derselben Pflanze. Die Kinder öffnen die Dosen, riechen mit geschlossenen Augen daran und finden die zueinander passenden Dosen.

Ganz Ohr

Das morgendliche Vogelkonzert ist nur ein kleiner Teil der vielfältigen Geräuschkulisse im Garten. Achten Sie unter einem blühenden Kirschbaum mal auf das Summen der Bienen und Hummeln oder auf das Rauschen von Pappeln, Birken, Bambus und Schilf im Wind. Rieselndes Wasser wirkt beruhigend und entspannend. Auch Windspiele aus Holz und Metall erzeugen zarte Klänge. Mit geschlossenen Augen kann man die verschiedenen Töne und Klänge viel bewusster wahrnehmen.

Der Ton macht die Musik

Wenn man mehrere Filmdöschen mit unterschiedlich großen Samen und Körnern füllt, werden sie zum Klangkörper: z. B. mit Bohnenkernen, Haselnüssen oder Grassamen. Die Döschen verschließt man und errät durch Schütteln den Inhalt.

Gefühlvoll

Im Familiengarten gibt es eine Menge zum Tasten und Fühlen: Wie ist es, barfuß über einen Rasen, Kiesweg oder über Rindenmulch zu gehen? Wie fühlen sich Erde, Blätter und Rinde an? Als Dauererlebnis bietet sich ein Barfußgang an(→ Seite 18).
Etwas zu ertasten, ohne es zu sehen, ist besonders spannend. Legen Sie dazu verschiedene Naturmaterialien unter ein Tuch. Die Kinder sollen sie allein durch Fühlen herausfinden.

Bäume erraten

Die Rinde von Bäumen fühlt sich ganz unterschiedlich an. Manchmal ist sie rau und rissig, dann wieder glatt. Lassen Sie Ihre Kinder mit verbundenen Augen herausfinden, vor welchem Baum sie gerade stehen.

Genießerisch

Früchte, Salate und Gemüse – beim Naschen kann man das Geschmackserlebnis steigern, wenn man die vier Geschmacksrichtungen ganz bewusst wahrnimmt. Dazu stellt man vier Schälchen mit süßen, salzigen, bitteren und sauren Kostproben auf. Süß munden Erdbeeren, Süßkirschen oder Himbeeren. Sauer schmecken Johannisbeeren und Rhabarber. Als bitter empfindet man Radicchio- oder Wermutblätter. Salzig sind Salzstangen oder eingelegte Gurken.

Tuttifrutti im Gartenbeet

Kinder wollen pflanzen und ernten wie die Großen. Knackige Salate, buntes Gemüse, süße Beeren und würzige Kräuter tummeln sich in ihrem Beet. Geeignet sind anspruchslose, pflegeleichte und schnell wachsende Sorten, die reiche Ernte bringen.

So frisch und gesund wie aus dem eigenen Beet bekommt man Obst und Gemüse wirklich nirgends. Und so lecker auch nicht! Kein Wunder, dass Kinder sich beim Ernten wie im Schlaraffenland fühlen. Insbesondere Beerenobst, Kräuter und Rohkostgemüse haben es ihnen angetan.

Buntes Allerlei

Bei Gemüse gilt das Motto: Das Auge isst mit. Buntes Gemüse und rote Salate geben Kinderbeeten eine lustige Note: Violetter Blumenkohl, gelbgrüner Romanesco, rote Radieschen, Feuerbohnen, buntstieliger Mangold, Rote Bete und blaue Bohnen leuchten in allen Farben um die Wette – das macht Appetit und ist gesund!
Auch Bohnen, Mais, Erbsen, Zucchini und Gurken stehen bei Kindern ganz oben auf der Wunschliste, denn sie machen mit üppigem Wuchs wett, was die anderen ihnen farblich voraus haben. Und beim Kartoffelernten kommt sogar richtige Goldgräberstimmung auf (→ Seite 61).
Viele Gemüsearten kann man sogar im Blumentopf ziehen, wenn der Platz im Beet nicht reicht, oder wenn Wärme liebende Arten an der Hauswand besser reifen (→ Seite 86/67).
Platz sparend ist auch der Anbau in Etagen, z. B. von Gurken an einem Rankgitter oder Ampeltomaten in einer Blumenampel.
Überhaupt, Tomaten: Von »treulos« kann überhaupt keine Rede sein. Sie bekommen natürlich auch einen Platz im sonnigen Beet.

Alles Tomate!

Nichts geht über das Aroma einer sonnengereiften Gartentomate! Neben Busch-, Cocktail- und Fleischtomaten gibt es auch eine Fülle alter Sorten wie Kirschtomaten und Zuckertomaten. Besonders lustig sehen gelbe und sogar gestreifte Tomaten mit kleinen, aromatischen Früchten aus. Ein Erlebnis besonderer Art ist die Wildtomate, die Urmutter unserer heutigen Sorten. Sie stammt aus Mittel- und Südamerika. Ihre Früchte sind klein wie Johannisbeeren und schmecken nach Tomate pur. Die Pflanze ist resistent gegen jeden Pilz oder Virus. Pflanzen Sie drei Setzlinge in einen großen Kübel, den Sie mit einer Mischung aus Gartenerde und Kompost befüllen. Außer Gießen ist keinerlei Pflege nötig. Lassen Sie die üppig wachsenden Triebe einfach über den Topfrand wachsen.

Ein kleines Kräuterreich

Auch eine Auswahl an Kräutern sollte in keinem Kinderbeet fehlen. Sie sind

Das Auge isst mit. Essbare Blüten steigern die Attraktivität von vitaminreicher Kost ungemein. Das überzeugt selbst eingefleischte Salat-Muffel.

Zum vollkommenen Glück braucht es nicht viel. Ein Baum voll reifer Kirschen gehört dazu.

anspruchslos, wachsen schnell, brauchen nicht viel Platz, und es gibt immer etwas zu ernten.
Ob Gartensauerampfer lustig macht und Liebstöckel nach Maggi riecht? Fenchelsamen jedenfalls sind ganz bestimmt etwas für Naschkatzen, denn sie schmecken fein nach Lakritze.
Frisch und fruchtig sind Zitronenmelisse, Pfefferminze und Zitronenverbene. Aus ihren Blättern kann man den ganzen Sommer über einen leckeren Tee zubereiten. Man kann sie frisch mit kochendem Wasser überbrühen oder trocknen und in einer Dose aufbewahren. Halsweh, Husten, Heiserkeit? Salbei und Thymian helfen bei Erkältung, und dass bei argem Bauchweh ein Tee aus Kamillenblüten nützt, weiß jedes Kind.
Als Einfassung geben Schnittlauch oder Gewürztagetes dem Beet einen schönen Rahmen (→ Seite 38/39).
Reicht der Platz im Garten nicht aus, weicht man auf die Fensterbank aus. Viele Kräuter wie Kresse, Basilikum, Schnittlauch, Petersilie, Majoran lassen sich prima im Topf ziehen.

Blühende Farbtupfer

Nicht nur die Blätter, auch die Blüten vieler Kräuter und Sommerblumen sind die reinste Gaumenfreude (→ Tabelle). Mit essbaren Blüten wird jedes Gericht zum Augenschmaus.
Eine Kinderbowle mit schwimmenden Gänseblümchen wird zum Highlight der Geburtstagstafel. Die Blüten von Schnittlauch und Borretsch bringen Farbe in einen Kräuterquark. Minzenblätter und Rosenblüten geben Erdbeerquark eine spezielle Duftnote, und Kapuzinerkresse, Ringelblume und Sonnenblume verzaubern den Salat. Gebratene Zucchiniblüten und Holunderblütenpfannkuchen schmecken nicht nur Kindern gut.
Eine süße Überraschung für Naschkatzen sind kandierte Blüten. Rosen-, Veilchen- oder Ringelblumenblüten werden von allen Seiten mit Eiweiß bepinselt und in einem Teller mit feinem Zucker gewälzt. Wenn man sie trocknen lässt und in einer schönen Dose verschlossen aufbewahrt, sind sie 3–4 Monate haltbar.

Süße Früchtchen

Inmitten von Beerensträuchern und Obstbäumen fühlen sich Kinder wie im Paradies. Von der Hand in den Mund schmeckt Naschobst unnachahmlich lecker und steckt voller Vitamine und gesunder Mineralstoffe.
Himbeeren und Erdbeeren wachsen besonders gut auf einem humosen Boden, denn sie sind ursprünglich Waldpflanzen. Sonnenanbeter sind Johannisbeeren, Stachelbeeren, Andenbeeren, Brombeeren, Apfel- und Kirschbäume oder Kiwi. Achten Sie bei Brombeeren auf stachellose Sorten und beim Kernobst darauf, dass die Früchte gut erreichbar sind. Spindel- oder Buschbäume sind mit geringer Stammhöhe ideal.
Den ganzen Sommer über reifen immer wieder neue Früchte heran. Damit Sie durch Ihre Urlaubsreise nicht die Ernte verpassen, pflanzen Sie z. B. früh tragende Johannisbeeren oder Himbeeren, die erst im Herbst fruchten. Ein Geheimtipp ist die aus Peru stammende Andenbeere (*Physalis edulis*), die mit der Tomate verwandt ist. Die aromatischen gelben Beeren verstecken sich in Hüllblättern, die wie kleine Lampions aussehen.

ESSBARE BLÜTEN

Name	Blütezeit
Borretsch *Borago officinalis*	April–Mai
Gänseblümchen *Bellis perennis*	März–Juli
Holunder *Sambucus nigra*	Juni
Kapuzinerkresse *Tropaeolum majus*	Juli–Okt.
Ringelblume *Calendula officinalis*	Juni–Sept.
Rose *Rosa* spec.	Mai–Okt.
Schnittlauch *Allium schoenoprasum*	Mai–Juni
Taglilie *Hemerocallis*-Hybriden	Mai–August
Veilchen *Viola* spec.	Mai–Juli und Sept.–Okt.
Zucchini *Cucurbita pepo*	Juni

1 Die Kürbisse vorziehen
Mitte April zieht man Hokkaido-Kürbisse auf der Fensterbank vor. Steckt je einen Samen in kleine Töpfe mit Blumenerde oder in mit Wasser aufgeweichte Torfquelltöpfe.

2 Den Zuckermais säen
Mitte Mai lockert ihr das nun schon warme Erdreich und bringt Kompost auf. Mais und Kürbis brauchen viele Nährstoffe. Eine Gabe organischer Langzeitdünger enthält, was sie brauchen. In einer Reihe steckt man alle 30 cm jeweils 3 Samen Zuckermais etwa 5 cm tief in die Erde. Wenn das erste Blattpaar sichtbar ist, lässt man jeweils nur den kräftigsten Sämling stehen.

4 Die Bohnenkerne setzen
Wenn die Maispflanzen 1 m hoch sind, steckt ihr jeweils 3–4 Feuerbohnenkerne ringsherum in die Erde. Die Feuerbohnen winden sich später an dem mitwachsenden Stängel vom Mais empor. Die hübschen roten Blüten der Feuerbohne und die frischen grünen Maisblätter sehen toll zusammen aus. Geerntet werden die reifen Kolben vom Zuckermais, wenn sie gelb und die Körner noch weich sind.

3 Die Kürbis-Setzlinge pflanzen
Gleich danach pflanzt man etwa 50 cm neben den Maissamen die vorgezogenen Kü bisse ein. Das Pflanzloch sollte als Grundl ge ausreichend Kompost enthalten. Mais und Kürbisse brauchen viel Dünger, desha regelmäßig zusätzliche Gaben verabreichen. Durch Hacken und Mulchen (→ Seit 36–39) fördert man kräftiges Wachstum.

5 Die »Drei Schwestern«
Nun ist es soweit: Im Hopi-Indianer-Beet is Erntezeit. Beim Anblick der leckeren Früch ist es fast zu schade, das Feld zu räumen. Aber es kommt ja wieder ein neues Jahr …

Im Märzen der Bauer …

Ein eigenes Feld wie ein richtiger Landwirt zu bewirtschaften, davon träumen viele Kinder. Goldgelbe Maiskolben, prächtige Kürbisse und viele dicke Kartoffeln: Für einen kleinen Ackerbau im Gartenbeet braucht man gar nicht soviel Platz, wie man glaubt.

Auch wenn die Kleinen die Fläche liebend gern mit Traktor und Pflug bearbeiten würden, im Garten reichen Hacke und Grabegabel für den Anbau von Feldfrüchten – da werden die kleinen Farmer über reiche Ernte staunen und ganz nebenbei noch neue Erfahrungen machen.

Drei auf einen Streich

Mischkultur ist ein Zauberwort im Gartenbau und hat eine lange Tradition. Manche Feldfrüchte entwickeln sich besonders gut nebeneinander und werden bevorzugt zusammen angebaut. Die Hopi-Indianer in Arizona haben für ihr wichtigstes Nahrungsmittel, den Mais, ein besonderes Anbauprinzip entwickelt: die »Drei Schwestern« (→ Abb.). Damit der Mais auf den kargen Böden des Colorado-Plateaus gedeiht, pflanzen sie ihn zusammen mit Bohnen und Kürbissen. Die Bohnen sammeln mit ihren Wurzeln Stickstoff und düngen somit den Boden. Als Kletterstange dient die Maispflanze. Der Kürbis breitet seine Blätter über das Erdreich und hält es dadurch feucht. Die drei verschiedenen Sorten passen nicht nur gut zueinander, sie fördern sich auch gegenseitig.

Tolle Knollen

Es gibt runde, lange, dicke, dünne, bunte, helle und auch dunkle. Über 100 Kartoffelsorten sind bei uns bekannt. Spanische Seefahrer brachten die Knolle vor 400 Jahren aus der Neuen Welt mit nach Europa. Eine einzige Saatknolle bringt 10–20 neue Kartoffeln – wirklich eine tolle Knolle! Kartoffeln anzubauen ist kinderleicht, und besonders schön ist natürlich die Ernte. In der Erde wühlen und nach Schätzen graben, das macht garantiert allen viel Spaß.

Kartoffeln kann man in fast jedem Boden ziehen, zur Not sogar im Topf. Dazu lässt man ein paar Knollen in warmer, heller Umgebung vorkeimen. Anfang Mai zieht man eine Furche in die Erde und legt die vorgekeimten Knollen in 20 cm Abstand hinein. Dann harkt man Erde darüber. Wenn die ersten Blätter aus dem Boden schauen, häufelt man Erde an, so dass die Pflanze den Kopf recken muss. Dadurch entwickelt sie viele neue Wurzelsprosse, an denen sich dann die neuen Knollen bilden.

Bei der Topfkultur kommt ganz unten eine Schicht Erde hinein, darauf legt man die Kartoffel. In den nächsten Wochen füllt man rings um die Blätter immer wieder neue Erde auf, bis das Gefäß voll ist.

Im September, wenn die Blätter verwelkt sind, gräbt man die Knollen mit einer Grabegabel aus. Die Kartoffelernte ist ein Fest und wird vielerorts mit einem Kartoffelfeuer gefeiert, bei dem das Kraut verbrannt wird. Im Garten ist das ein schöner Anlass für ein zünftiges Lagerfeuer (→ Seite 114/115), und in der Glut kann man die ersten Frühkartoffeln garen. Man schneidet dazu ein Kreuz in die Kartoffel, gibt ein Stück Butter, etwas Salz und frischen Majoran in die Mitte und wickelt sie in Alufolie. Je nach Größe brauchen die Kartoffeln bis zu einer Stunde, bis sie gar sind. Lecker!

MAISANBAU NACH HOPI-ART

ZEITBEDARF:
- Beetvorbereitung: 60 Min.
- für die Aussaat der Samenkörner pro Sorte jeweils 20 Min.

MATERIAL:
- Torfquelltöpfe oder Tontöpfe für die Kürbissamen und Minigewächshaus
- Samenkörner von Zuckermais, Kürbis und Feuerbohnen
- Kompost
- organischer Langzeitdünger
- Pflanzetiketten zum Markieren der Saat

WERKZEUG:
- Pflanzschnur und Bambusstab
- Pflanzschaufel für die Pflanzlöcher und zum Einpflanzen der Setzlinge
- Blumenkralle oder Handrechen zum Lockern des Bodens

Himbeere, Brombeere
Rubus idaeus, Rubus fruticosus

Aussehen: Himbeeren bilden aufrechte Ruten; sommer- oder herbsttragende Sorten mit roten Früchten; unterseits weiße Blätter; Brombeeren sind wüchsige Kletterpflanzen mit meterlangen Trieben und schwarzen Früchten.
Anbau und Pflege: feuchte, nährstoffreiche Erde; mit Laub oder Rindenkompost mulchen; nach der Ernte Rückschnitt alter Himbeerruten bis zum Boden; Brombeeren brauchen ein Rankgerüst, Himbeeren ein Spalier
Hinweis: Herbstsorten tragen von Ende August bis zum Frosteintritt; stachellose Sorten sind nicht ganz so aromatisch.

So schmeckt der Sommer

Riesen-Kürbis
Cucurbita maxima

Aussehen: tropischer Gartenriese mit über 5 m langen Trieben und bis zu 50 kg schweren Früchten; bildet Seitentriebe mit Ranken; große gelbe, essbare Blüten; viele Sorten
Anbau und Pflege: Anzucht aus Samen einfach; im Garten pro Pflanze 1–4 m^2 Platz berechnen; in die Pflanzgrube viel halb verrotteten Kompost geben, organisch düngen; später Triebspitzen kappen und Stroh unter die Früchte betten; viele Sorten wie der Hokkaido-Kürbis(→ Abb.) sind lange lagerfähig
Hinweis: Zum Schnitzen für Kürbisgesichter eignet sich der orangerote Halloween-Kürbis 'Spirit F 1'.

Petersilie
Petroselinum crispum

Aussehen: zweijähriges Würzkraut mit krausen oder glatten, sattgrünen, geteilten Blättern und einer aromatischen Wurzel; Blätter reich an Vitamin C; die Blüte erscheint im 2. Jahr, anschließend stirbt die Pflanze ab; glattblättrige Sorten werden größer und schmecken intensiver
Anbau und Pflege: feuchter, halbschattiger Platz und guter, nahrhafter Boden mit reifem Kompost; Aussaat ab April ins Beet, jedes Jahr an eine andere Stelle
Hinweis: klassisches Suppenkraut, macht Rinderbrühe klar; Stängel kauen erfrischt den Mund, z. B. nach Knoblauchgenuss

Erbse
Pisum sativum

Aussehen: Kletterpflanze, die zu den Hülsenfrüchten gehört; mit süßen Erbsensamen in Schoten; hellblaue Schmetterlingsblüte und Blattranken an langen Trieben
Anbau und Pflege: Aussaat im April 5 cm tief mit 3 cm Abstand; vor Vögeln schützen; wächst in jedem Boden; Reisig oder Bambusstöckchen als Kletterhilfe in den Boden stecken; nach der Ernte Kraut abschneiden und Wurzeln im Boden verrotten lassen; danach Blumenkohl oder Brokkoli pflanzen.
Hinweis: Markerbsen werden ausgepult, Zuckererbsen kann man mit Schote essen. Die Wurzeln sind Stickstoffsammler.

eckeres für Naschkatzen

Rote Johannisbeere
Ribes rubrum

Aussehen: bis zu 1,50 m hoher Strauch mit roten, Vitamin-C- und säurereichen Früchten; Blätter dreilappig
Anbau und Pflege: im Herbst oder Frühjahr an sonnigem Standort pflanzen; Boden feucht halten und mulchen; trägt an 2–3-jährigen Trieben; jährlich altes Holz und schwache Triebe ausschneiden, so dass kräftige Jungtriebe nachwachsen; Vermehrung durch Stecklinge im September
Hinweis: auch als Hochstamm erhältlich; sieht hübsch aus und ist Platz sparend; Schwarze Johannisbeeren sind robuster und wachsen auch in rauen und schattigen Lagen

Rhabarber
Rheum rhabarbarum

Aussehen: stark wüchsige Staude mit riesigen Blättern; treibt schon bei Temperaturen um 5 °C; die langen, rosa, roten und grünen Blattstiele schmecken säuerlich und sind ab April das erste Fruchtgemüse im Gartenjahr; enthält Oxalsäure
Anbau und Pflege: hoher Platzbedarf, daher eigenes, sonniges Beet; viel Kompost und etwas organischen Dünger; Blütentriebe ausknipsen; Ernte erst ab 2. Jahr; dabei Blattstiele abdrehen, nicht schneiden, und ca. die Hälfte der Stiele stehen lassen; Wurzelteilung im Herbst mit Spaten
Hinweis: Rhabarberblätter geben einen lustigen Sonnenhut.

Schnittlauch
Allium schoenoprasum

Aussehen: ca. 30 cm hohes Zwiebelgewächs mit scharf-würzigen Blattröhrchen und essbaren violetten Blüten; treibt schon kurz nach dem Winter aus
Anbau und Pflege: Vermehrung einfach durch Teilung, auch Aussaat im Blumentopf möglich; eine Gabe mit Kompost oder organischem Dünger fördert den Wuchs; wächst aus der Basis immer wieder nach
Hinweis: Den ausgegrabenen und eingetopften Schnittlauchballen kann man schon im Januar im warmen Zimmer vortreiben. Schmeckt gut auf Butterbroten und im Salat.

So schmeckt der Sommer:

Cocktail-Tomate
Lycopersicon esculentum var. *cerasiforme*

Aussehen: bis 2 m hohes Nachtschattengewächs mit ständig nachwachsenden Blüten, Früchten und Trieben, Blätter gefiedert; Früchte in Rispen; zahlreiche Sorten
Anbau und Pflege: Anzucht im Haus, ab Mitte Mai in ein geschütztes, vollsonniges Beet pflanzen; Kompost ins Pflanzloch geben und Spiralstab als Rankhilfe; Seitentriebe in Blattachseln ausgeizen; mit Brennnesselsud düngen; nie über die Blätter gießen; von Krautfäule befallene Blätter entfernen
Hinweis: ab September Blüten entfernen; Früchte vor dem Frost ernten; noch grüne Früchte reifen im Zimmer nach

Möhre
Daucus carota subsp. *sativus*

Aussehen: gesundes Wurzelgemüse mit viel Carotin; längliche, orangefarbene Wurzelrübe; fein gefiedertes Laub
Anbau und Pflege: Aussaat März bis Juli; lockerer, eher sandiger Boden mit reifem Kompost; Samen gut festklopfen und nur flach mit Erde bedecken, später auf 3 cm Abstand vereinzeln; Saatbänder erleichtern die Aussaat; Zwiebelgewächse als Nachbarpflanzen helfen gegen die Möhrenfliege.
Hinweis: schmecken am besten frisch aus der Erde gezogen; da Möhrensamen sehr langsam keimen, mischt man zur Markierung ein paar Radieschensamen in die Saatreihe

Erdbeere

Fragaria × ananassa

Aussehen: 15–25 cm hohe Staude mit großen, roten Scheinfrüchten; zahlreiche Sorten; tragen etwa 2–3 Jahre und werden dann erneuert; Triebe bilden Ausläufer; Blätter dreifach geteilt
Anbau und Pflege: feuchter, humoser Boden mit viel Kompost; Pflanzzeit März/April oder Juli/August in 40 cm Abstand; bei Fruchtansatz Stroh unterlegen; nach der Ernte düngen
Hinweis: Monatserdbeeren stammen von der Walderdbeere *Fragaria vesca* ab, die man aus Samen zieht. *Fragaria × vescana* ist robust, langlebig und hat sehr aromatische Früchte; breitet sich zu einer Erdbeerwiese aus

Leckeres für Naschkatzen

Radieschen

Raphanus sativus var. *sativus*

Aussehen: Rettichgewächs mit scharfen, knackigen Wurzeln; es gibt Sorten mit roten oder rot-weißen Kugeln, längliche Radies und die weißen Eiszapfen
Anbau und Pflege: anspruchsloses und schnellwüchsiges Wurzelgemüse; Aussaat bereits ab März unter einer Folie auf humusreichem, locker-sandigem Boden; ausreichend gießen, da sie sonst scharf schmecken oder holzig werden; eignen sich zur Mischkultur mit Pflücksalat
Hinweis: Radieschen verlieren die Schärfe, wenn man sie salzt. Radieschenscheiben als Suppeneinlage sind köstlich.

Basilikum

Ocimum basilicum

Aussehen: Wärme liebendes, einjähriges Küchenkraut; aufrechte Stängel mit stark aromatischen Blättern und kleinen, weißen Blüten; Sorten: großblättriger, roter oder kleinblättriger Basilikum, Zitronenbasilikum, Thaibasilikum u.a.
Anbau und Pflege: Aussaat ab März im Haus; keimt rasch; später büschelweise in Töpfe pikieren; ab Mitte Mai nach draußen in lockeren, humosen Boden; Triebspitzen ernten, dann wächst er buschiger
Hinweis: Die kugelrunde Sorte 'Bubikopf' wirkt am besten im Blumentopf und ist ein Dufterlebnis.

Immer der Nase nach

Wenn im Sommer die Duftpflanzen im Garten alle Register ziehen und die Luft erfüllt ist von intensivem Aroma, gibt es nur noch eins: schnuppern, schnuppern, schnuppern! Dufterlebnisse prägen sich oft ein Leben lang ein und werden zu nachhaltigen Kindheitserinnerungen.

Ein angenehmer Duft wirkt sofort entspannend, wohltuend und viel nachhaltiger, als man glaubt. Düfte können Gefühle und Stimmungen auslösen, ohne dass es uns bewusst ist. Der Geruchssinn ist direkt mit dem limbischen System im Gehirn verbunden, das unser emotionales Verhalten steuert. Gerüche sind auch eng mit Erinnerungen verknüpft. Bestimmte Düfte aus der Kindheit, z. B. von geschnittenem Gras oder salziger Meerluft, können einem Ereignisse, Orte und Gefühle wieder lebhaft ins Gedächtnis zurückrufen.
Schöne Dufterlebnisse werden Ihre Kinder ihr Leben lang begleiten. Im Garten herrschen die besten Voraussetzungen für einen Schnupperkurs, denn wo sonst kann man so vielen verschiedenen natürlichen Aromen auf kleinstem Raum begegnen? Kinder gehen immer der Nase nach und entwickeln unwillkürlich ganz persönliche Vorlieben für manche Gartenecken, ob beim Kräuterbeet oder auf der Bank neben der blühenden Kletterrose. Sie lieben es, am Lavendel entlangzustreifen und atmen ganz tief durch, wenn abends die Blütenkerzen am Fliederbusch ihr intensives Aroma verströmen.

Verführerische Lockmittel

Pflanzendüfte entstehen durch ätherische Öle, die in winzigen Öldrüsen in Blättern, Blüten, Fruchtschalen oder Wurzeln versteckt sind. Was wir als Wohlgeruch wahrnehmen, dient der Pflanze zum puren Überleben. Die Aromen sind für die Fortpflanzung lebenswichtig, denn sie locken bestäubende Insekten wie Tag- und Nachtfalter an.
Pflanzen mit starken Düften schützen sich damit außerdem vor saugenden und beißenden Fraßfeinden. Der intensive Geruch eines Geranienblattes schreckt z. B. Raupen ab. Deshalb pflanzt man Geranien gerne in Blumenkästen vorm Fenster. Mischkulturen aus Blumen, Kräutern und Gemüsepflanzen in den traditionellen Bauerngärten verfolgen denselben Zweck. Um den Kohlweißling zu vertreiben, pflanzt man stark duftende Kräuter zwischen die Reihen, Zwiebeln sollen die Möhrenfliege und Möhren die Zwiebelfliege abschrecken, Bohnenkraut wehrt Blattläuse ab.

Auf Schnupperkurs

Damit Sie die angenehmen Düfte im Garten intensiv genießen können, platzieren Sie Duftpflanzen an möglichst wirkungsvollen Stellen, z. B. neben dem Sitzplatz. Aromapflanzen brauchen einen sonnigen, geschützten

So riecht der Frühling! Duftendem Flieder kann man nicht nah genug rücken – da muss man einfach immer wieder schnuppern.

Zur Aromatherapie im eigenen Garten eignen sich die zarten und würzigen Duftnoten von Rosen, Duftpelargonien und mediterranen Kräutern sehr gut.

Standort, denn in der Wärme werden die ätherischen Öle besonders gut freigesetzt. Mediterrane Kübelpflanzen wie Duftpelargonien, Rosmarin, Lorbeer, Orangenbäumchen, Ananassalbei, Basilikum oder Zitronenverbene hüllen die Terrasse mit ihrem verschwenderischen Duft ein.
Madonnenlilie, Nachtkerze und die hübsche Nachtviole verströmen ihren betörenden Duft besonders nachts und verfehlen deshalb besonders in der Nähe des Schlafzimmerfensters nicht ihre wohltuende Wirkung. Würzige Kräuter wie Muskatellersalbei, Currykraut, Ysop und Salbei entwickeln ihr Aroma besonders üppig in einem Steingarten oder auf der Kräuterspirale. Diese Gewächse aus südlichen Gefilden mögen das Umfeld von Steinen wegen der darin gespeicherten Wärme.
Im Halbschatten kommen Minzearten gut zur Geltung. Eine wahre Duftorgel sind die zahlreichen Varietäten, die man inzwischen in vielen Gärtnereien findet. Beliebte Sorten sind z. B. Apfelminze, Orangenminze, Krause Minze, Spearmint, Marokkanische Minze, weißbunte Ananasminze und die englische »Mitcham«.
Ein Jasmin oder ein Rosenstrauch ist wie geschaffen für den Treppenaufgang am Eingang. Durch die Berührung und den Lufthauch beim Vorbeigehen bereiten sie Besuchern einen duftenden Empfang.
Wer wie auf Duftwolken wandeln möchte, kann auf einem Stück Weg oder einer Steintreppe z. B. einen Duftrasen aus römischer Kamille oder Quendel anlegen. Diese robusten Kräuter breiten sich flächig aus und bilden niedrige, dichte Polster. Pflanzen Sie in den gelockerten, unkrautfreien Boden 10–15 Pflanzen pro m^2.

Auch Beeteinfassungen aus Lavendel, Zitronenthymian, Eberraute oder Heiligenkraut sind herzhaft und frisch duftende Begleiter beim genüsslichen Gartenrundgang.

Edler Rosenduft

Die Nummer eins im Duftgarten sind sicherlich die Rosen. Vor allem alte Rosen duften intensiv, z. B. die als Ölrose bekannte Damaszenerrose oder die dicht gefüllten Zentifolien. Um 30 Gramm des kostbaren Öles zu gewinnen, braucht man 100 kg Rosenblütenblätter! Bei Moosrosen sind sogar alle Pflanzenteile, also nicht nur Blüten, sondern auch Blätter und Stängel, mit duftenden Drüsenzellen besetzt. Pflanzen Sie diese Kostbarkeiten so, dass sie ihre Wirkung voll entfalten können. Kletterrosen an der Pergola oder ein Rosenstrauch beim Sitzplatz versprechen zur Blütezeit dann sinnliches Vergnügen pur.

Düfte konservieren

Wie gerne würde man den Duft des Gartens noch eine Zeit lang bewahren, wenn der Sommer vorüber ist. Nichts leichter als das: Schneiden Sie Duftpflanzen in den späten Vormittagsstunden, wenn der Tau getrocknet ist. Um das ätherische Öl zu erhalten, verarbeitet man die Ernte schonend, d. h. man verarbeitet sie umgehend und wäscht sie nicht ab. Zum Trocknen bindet man die Stängel zu lockeren Sträußen und hängt sie kopfüber an einem schattigen, luftigen Ort auf. Aromastoffe kann man zur Herstellung von Würz- oder Duftölen auch extrahieren. Dabei nimmt das Öl allmählich den Duft der Pflanzen an. Man füllt Blüten oder Blätter in ein gereinigtes Glas und füllt mit einem guten Speiseöl oder neutralem Körperöl auf. Das Glas stellt man dann für ca. 3 Wochen in die Sonne, wobei die Aromen in das Öl übergehen.

Duftpelargonien
Pelargonium-Arten

Aussehen: buschig wachsendes Storchschnabelgewächs, bis ca. 50 cm hoch; kleine, hellrosa Blüten und lappig zerschlitzte, bei Berührung intensiv duftende Blätter; zahlreiche Arten und Züchtungen mit variantenreichen Duftnoten, z. B. Pfefferminz-Pelargonien, Zitronen-Pelargonien, Rosen-Pelargonien u. v. m.
Kultur und Pflege: robuste Kübelpflanze; sonniger Standort; verträgt auch mal Trockenheit; nicht frosthart, Überwinterung im Haus; Vermehrung durch rasch wurzelnde Stecklinge; Rückschnitt fördert buschigen Wuchs
Hinweis: Pelargonien sind die Urformen der Balkongeranie.

Auf Schnupperkurs

Schokoladen-Kosmee
Cosmos atrosanguineus

Aussehen: 60 cm hohe, mehrjährige Staude; Korbblütler mit burgunderroten Blüten, die intensiv nach Zartbitter-Schokolade duften, lang anhaltende Blüte ab Juni; Blätter ganzrandig, wenig gebuchtet; bildet Wurzelknollen
Kultur und Pflege: liebt warmen, sonnigen und trockenen Standort, wo sich der Duft am besten entfaltet; Wurzelknollen empfindlich gegen Staunässe, über Winter deshalb evtl. ausgraben und trocken lagern; Vermehrung über Stecklinge; käuflich als Knolle erhältlich
Hinweis: gedeiht auch sehr gut in Topfkultur

Zitronenverbene
Aloysia triphylla

Aussehen: mehrjähriger Strauch mit unscheinbaren hellrosa Blütchen; ca. 1 m hoch; raue, lanzettliche Blätter; kleine weiße Blüten in Rispen erscheinen im Sommer
Kultur und Pflege: sonniger und warmer Standort; mäßig feucht halten; sehr frostempfindlich, daher in unseren Breiten nur als Kübelpflanze, die man im Haus überwintert; verliert bei dunklem Stand die Blätter, treibt aber wieder neu aus
Hinweis: die Blätter verströmen bei Berührung wunderbaren Zitronenduft; getrocknete Blätter bewahren das Aroma lange und eignen sich gut für Potpourris, Duftsäckchen und Tee

Currykraut
Helichrysum italicum subsp. *serotinum*

Aussehen: mehrjähriges, buschiges Kraut aus der Familie der Korbblütler mit silbrigen, immergrünen, linealischen Blättern und blassgelben Blüten; Blätter duften feinwürzig nach Curry
Kultur und Pflege: anspruchslos; sonniger Standort; Rückschnitt nach der Blüte fördert buschigen Wuchs; frostempfindlich, im Winter mit Tannenreisig abdecken
Hinweis: Blattfarbe und -struktur eignen sich gut für die Gestaltung von Balkonen, Kräutergärten, Blumenrabatten und Gemüsebeeten; verbreitet mediterranes Flair; verleiht würzigen Speisen eine exotische Note

im Pflanzenreich

Lavendel
Lavandula angustifolia

Aussehen: immergrüner mediterraner Halbstrauch mit schmalen, linealischen Blättern und duftenden, lila Lippenblüten in langen ährenartigen Blütenständen
Kultur und Pflege: kalkhaltiger, durchlässiger Boden und sonniger Platz; verträgt auch mal Trockenheit; Rückschnitt vor dem Austrieb im Frühjahr und nach der Blüte, damit der Stamm nicht verholzt und seine kompakte Form verliert
Hinweis: hübsch als Beeteinfassung; kleine Duftkissen mit Lavendelblüten wirken entspannend und beruhigend; im Wäscheschrank duften sie fein und vertreiben Motten

Jasmin
Jasminum officinale

Aussehen: bis 2 m hoher sommergrüner Strauch mit gefiederten Blättern; kann auch als Kletterpflanze gezogen werden; weiße, röhrenartige, an der Spitze sternförmige Blüten mit intensivem Duft
Kultur und Pflege: sonniger Standort mit fruchtbarer Erde an wind- und frostgeschütztem Platz; starker Rückschnitt nach der Blüte empfehlenswert; Kletterhilfe notwendig; Vermehrung über Stecklinge (→ Seite 132/133); frostempfindlich
Hinweis: auch gut als Kübelpflanze zu halten; dann an frostfreiem Platz überwintern

Klein, aber mein – ein eigenes Beet

Kinder erwarten von einem Gartenbeet vor allem eins: Naschpflanzen von Frühjahr bis Herbst und bunte Blumen den ganzen Sommer lang. Damit alles wunschgemäß sprießt und gedeiht, kann etwas Planung im Beet nicht schaden.

WAS IST WAS IM KINDERBEET

BUNTES BLUMENBEET (→ Abb. S. 70)

① Rotes Basilikum
② Tagetes
③ Ringelblumen
④ Kapuzinerkresse
⑤ Kosmea
⑥ Jungfer im Grünen
⑦ Sonnenblumen

MISCHKULTUR-BEET (→ Abb. S. 71)

① Bunter Mangold
② Erbsen
③ Möhren
④ Setzwiebeln
⑤ Ringelblumen
⑥ Borretsch
⑦ Basilikum
⑧ Cocktail-Tomaten
⑨ Eichblattsalat
⑩ Roter Batavia
⑪ Kohlrabi
⑫ Himbeeren

Ein eigenes Beet zu hegen und zu pflegen, ist der Wunschtraum vieler Kinder. Je mehr sie an der Planung beteiligt werden und selber Hand anlegen können, desto interessanter ist es für sie. Etwas von Anfang bis zum Ende zu meistern ist eine Aufgabe, in die man erst hineinwachsen muss. Vielleicht haben Sie mit den Kindern schon einen sonnigen Platz im Garten für das Beet ausgesucht. Auf jeden Fall sollte dort ein optimaler, lockerer Gartenboden vorhanden sein, wenn nicht, muss er mit viel Kompost aufgebessert werden. Kleine Kinder sind mit einer Fläche von 1–2 m^2 gut beschäftigt, größeren kann man schon etwas mehr zutrauen. Wenn die Form des Beetes etwas aus der Reihe fällt, kann das durchaus praktisch sein. Ein kleines, rundes Beet ist von allen Seiten besser erreichbar, eine rechteckige Form kann man z. B. durch einen diagonalen Weg in zwei Dreiecke aufteilen, so dass die Pflanzen zum Gießen und Ernten gut zugänglich sind. Machen Sie gemeinsam eine Skizze von dem Beet, so dass sich die Kinder

Höhe und Anzahl der Pflanzen besser vorstellen können. So sehen sie, wo die Pflanzen im Beet gut zur Geltung kommen, wie viele man unterbringen kann und welche farblich gut zueinander passen. Schnell wachsende und robuste Pflanzen sind für ein Kinderbeet erste Wahl (→ Kasten S. 70). Beachten Sie für die Standortansprüche der einzelnen Sorten auch die Angaben auf den Samentütchen und bringen Sie nach dem Aussäen einen Schutz gegen Schnecken und Vögel an, sonst sind die Samen und Keimlinge bald verschwunden, und die Enttäuschung ist groß.

Kunterbunte Blumenpracht

Lang blühende Sommerblumen wie Kosmee, Jungfer im Grünen, Ringelblumen und Kapuzinerkresse in bunter Mischung wirken munter und fröhlich. Sonnenblumen »winken« von hinten herüber, und vorn bilden Tagetes und Basilikum einen rot-gelben Saum. Wenn Sie das Beet im März auf die Aussaat vorbereitet haben (→ Seite 38/39), kann es losgehen. Anfang April werden auf der Fensterbank in Torfquelltöpfen Rotes Basilikum und Tagetes vorgezogen (→ Seite 40/41), später, d.h. Anfang Mai, auch Kapuzinerkresse. Im hinteren Teil des Beetes sät man die hohen Sonnenblumen im Abstand von 30 cm aus, die später die Kulisse für die übrigen Blumen bilden. In die Mitte kommen im Abstand von 5 cm Ringelblumensamen in zwei runden Tuffs und werden mit einem Pflanzschild markiert. In die Zwischenräume setzt man gruppenweise Samen von Kosmeen oder Jungfer im Grünen ebenfalls im Abstand von je 5 cm. Mitte Mai pflanzt man die vorgezogenen Setzlinge im Abstand von 10 cm, und zwar die Tagetes im Wechsel mit Basilikum ganz nach vorne. Die Kapuzinerkresse kommt versetzt vor die Sonnenblumen. Sie teilt sich mit den Ringelblumen die Mitte. Zarte Kosmeen und Jungfer im Grünen »schweben« darüber. Das bunte Treiben wird begrenzt durch eine Beeteinfassung aus Steinen oder einem niedrigen Flechtzaun. Um den ganzen Sommer Freude am bunten Flor zu haben, schneidet man Verblühtes regelmäßig heraus.

Multikulti im Beet

In der Natur wachsen Pflanzen fast immer in Gesellschaft und nicht als »Solokünstler«. Das ist durchaus sinnvoll, denn Pflanzen wuchern nicht einfach wie Kraut und Rüben durcheinander, sondern ergänzen und fördern sich gegenseitig. Dicke Freunde sind z.B. Ringelblume und Tomaten, Borretsch und Gurken, Knoblauch und Erdbeeren. Geschickt kombiniert, gibt es von den ersten Radieschen im April bis zu den letzten Tomaten im November immer was zum Naschen. Lassen Sie zwischen den Reihen Platz für ein schmales Holzbrett, von dem aus die Kinder die Pflanzen gut erreichen können. Ende März werden bereits Erbsen gesteckt und Möhren gesät. Wenn die Erbsen 10 cm hoch sind, werden sie angehäufelt und bekommen Bambusstäbe oder Reisigzweige als Kletterhilfe. Die Möhren sät man in Reihen und dazwischen alle 30 cm eine Setzzwiebel. Das hilft gegen die Möhrenfliege.

Im April pflanzt man in die Mittelreihe wechselweise Roten Batavia und Eichblattsalat mit 20 cm Abstand. Dazu passen weiße oder rote Kohlrabi. Dort, wo in der Reihe noch Platz ist, sät man ein paar Ringelblumen und Borretsch aus, die nach der Salaternte die Lücken schließen. Im April wird noch eine Reihe bunter Mangold am Beetrand gesät.

Mitte Mai, nach den Eisheiligen, kommen die Cocktail-Tomaten an den Beetrand. Stecken Sie Stützstäbe aus Holz oder Spiralstäbe dazu. Dazwischen pflanzt man abwechselnd Rotes und Grünes Basilikum ein, das man auf der Fensterbank vorgezogen hat.

Stilvolles Licht

Harmonische Töne

Fröhliche Beetbegleiter

Basics

Das schöne Drumherum

Überraschende Lichtreflexe, Windspiele, Klänge oder optische Täuschungen setzen verspielte Akzente im Garten. Dekorativer Schmuck und Fundstücke von Spaziergängen und Urlauben verleihen, hübsch drapiert, Pflanzbeeten eine ganz persönliche Note.

Kinder haben einen besonderen Sinn für die Wirkung von Details und verzieren alles gern fantasievoll und mit viel Hingabe. Dies ist auch im Garten zu spüren, wenn bunte und hübsche Accessoires für eine fröhliche und entspannte Atmosphäre sorgen.

Licht ins Dunkel

Windlichter aus Glas oder Papierlampions setzen Glanzpunkte beim Sommerfest. Hübsch als Windlichthalter sind auch kleine Metalltüten, deren spitzes Ende man in Blumentöpfe stecken kann. Ein Torbogen aus einer Lichterkette dient der fröhlichen Begrüßung der Gäste. Originelle Schirmchen für die Lichterkette sind z. B. die Blütenhüllen der roten Lampionblumen. Unter dem Sonnenschirm sorgen sie für stimmungsvolle Beleuchtung der Tafelrunde. In den Baum gehängt, kommen die Kinder-Laternen vom St.-Martins-Zug noch mal zu Ehren. Den Gartenteich bringen schwimmende Teelichte zum Leuchten, oder er wird elektrisch illuminiert (→ Abb. oben).

In den dunklen Wintermonaten tut wärmendes Licht besonders gut. Rings um eine brennende Kerze aufgeschichtete Schneebälle werden am Abend zur leuchtenden Pyramide, und den Schneemann kann man zur Abwechslung auch mit einer Fackel ausstatten.

Hast du Töne?

Glockenspiele im Wind erzeugen harmonische Klänge. Es gibt sie in vielen Varianten aus Metall und Bambus. Am besten hängt man Windspiele so auf, dass sie nicht ständig im Luftzug sind und sich nur hin und wieder sanft bewegen. Bambusröhren haben einen besonders warmen Ton, während Metallstäbe hell und klar klingen. Mit Tönen kann man auch selber experimentieren. Aufgereihte Schneckenhäuser, Muscheln oder Glasperlen verursachen ein angenehmes Rascheln oder leises Klappern. Ein Flaschenhals wird zur Flöte, wenn man die Flasche in die Windrichtung hält. Plätscherndes Wasser aus Wasserspielen, Fontänen oder Sprudelsteinen wirkt besonders entspannend.

Dekorative Randfiguren

Spiegel und Reflexe

Bunte Stoffe

Hübsch & nützlich

Bunte Rosenkugeln sind klassische Accessoires in Bauerngärten. Sie sehen nicht nur hübsch aus, sondern verscheuchen durch die Lichtreflexe auch Vögel. Mit Holzwolle gefüllt, bieten sie Ohrwürmern Unterschlupf (→ Seite 101). Auf Bambusstöcken schweben skurrile Gestalten überm Beet: bunte Vögel, Schmetterlinge, Fische, Sonne, Mond und Sterne. Man kann sie auch aus Ton oder Modelliermasse selber formen und durch Glasur oder einen Anstrich aus Klarlack wetterfest machen. Neben ihrem dekorativen Effekt haben sie auch einen Sinn. Man kann sie nämlich gut als Stützen für die Pflanzen verwenden.
Mit Pflanzenschildern bleibt das Kräuterbeet nicht namenlos. Es gibt verschiedene Ausführungen, die nicht nur nützlich sind, sondern im Beet auch noch was hermachen. Natürlich wirkt es, wenn Sie Schiefersteine mit weißem Stift beschriften und neben die Pflanzen ins Beet legen.

Farbe bekennen

Mit bunten Kieseln und bemalten Steinen setzt man farbige Akzente. Auf große runde Steine kann man z. B. Gesichter malen. Im Feengarten (→ Seite 82/83) sorgen sie für Märchenstimmung. Vielleicht lacht einem ein Sonnengesicht aus dem Blumenbeet entgegen, oder es blinzelt ein Wichtel aus dem Gebüsch. Ein knorriges Wurzelstück bekommt ein Zwergengesicht, ein glatt geschliffenes Treibholz wird mit Schnabel und Augen zur Tierfigur. Acrylfarbe ist hierfür ideal. Sie ist leicht zu verarbeiten, deckt gut und trocknet schnell. Und sie ist wetterbeständig. Auch Tontöpfe, Kieselsteine und Holz lassen sich damit stilvoll verzieren. Ein einfaches Brett wird mit indianischem Muster oder einer aufgemalten Figur sofort zum Blickfang.

Spiel mit Illusionen

Spiegel erzeugen optische Täuschungen und sorgen für Verwirrspiel. Sie schaffen vermeintliche Ausblicke oder täuschen Durchgänge vor. Aber Vorsicht, wählen Sie möglichst unzerbrechliche Spiegel, damit die Illusion nicht durch einen Fußball in tausend Scherben zerbirst. Auch perspektivische Rankspaliere kann man nutzen und täuschende Räumlichkeit erzeugen. Kleine Gärten, die von Mauern umgeben sind, werden so aufgewertet. Wenn es in der Familie einen talentierten Künstler gibt, steht einem Mauer-Graffito nichts im Wege. Ein hübsches Kinderbild kann ja statt auf Papier auch mal auf einer Wand entstehen.

Fahne im Wind

Schon ein leichter Luftzug setzt Stoffe in Bewegung, z. B. Nylonbeutel mit bunten Bändern. Sie tanzen im Luftzug und geben immer die Richtung an. Auch Wetterfahnen, Tücher oder Stoffe auf einer Wäscheleine werden zum Spielzeug des Windes. Bunte Papier- oder Plastikräder schwirren und leuchten in allen Farben. Achten Sie darauf, dass die Flügel leicht um die Mittelachse laufen.
Reflektierende Spiralen aus Papier mit Alubeschichtung drehen sich wie ein Korkenzieher im Wind und sind leicht selbst zu basteln: Man zeichnet auf Papier eine Spirale und schneidet sie entlang der Linie aus. Das Anfangsstück wird mit Klebestreifen verstärkt, mit dem Locher perforiert und an einer Schnur frei aufgehängt.

Geheime Schlupfwinkel

Kinder brauchen Räume, wo sie unbeobachtet spielen können. Unter überhängenden Ästen und Baumkronen ist man mir nichts, dir nichts im gefährlichen Dschungel gelandet. Und ein Pappkarton wird im Handumdrehen zum verzauberten Königsschloss. Einfach märchenhaft!

Kinder lieben ein eigenes Revier, wo sie dem Blick der Eltern entzogen sind. Verwunschene Ecken und stille Winkel ziehen Kinder magisch an. Hier können sie nahezu frei von Verboten und Zwängen ihrem Tatendrang und ihrer Fantasie freien Lauf lassen und sich dennoch geborgen fühlen. Einmal die beschützende Obhut der Eltern verlassen, sich verbergen, unauffindbar, unsichtbar sein. Einen Moment lang spüren, wie es wäre, alleine auf der Welt zu sein, um dann wieder gefunden und freudig in die Arme geschlossen zu werden.

Such mich doch!

Das Abenteuer ist greifbar nah. Es beginnt gleich beim nächsten Strauch. Immergrüner Bambus z. B. ist ein ideales Versteck. Wenn der Wind mit den Blättern spielt, ist man sofort in einer anderen Welt. Viele Bambus-Sorten neigen dazu, sich über Wurzelausläufer auszubreiten. Man sollte daher unbedingt bei der Pflanzung eine unterirdische Kunststoffbarriere als Rhizomsperre mit einbauen oder Arten auswählen, die keine Ausläufer bilden, z. B. aus der Gattung *Fargesia*.

Unter den Ästen einer frei stehenden Hecke aus Hasel, Flieder, Weide oder Hainbuche ist man wie von Zauberhand verschluckt. Mit der Zeit entstehen geheime Schleichwege im Gewirr der Zweige und ausladenden Äste. Das grüne Blätterdach formt auf natürliche Weise Tunnel und kuschelige Höhlen. Hier hüten Kinder ihre Geheimnisse, bewahren Schätze auf und erzählen sich Geschichten. Kein Eindringling findet den Eingang, denn der ist gut getarnt. Gebettet auf Rindenmulch und Farnwedel, mit Sesseln aus Ästen und Moos fühlt man sich wie in einer Räuberhöhle oder im Märchenschloss. In geschwungenen Hecken entstehen Nischen und kleine Lichtungen: der ideale Platz für eine Lagebesprechung oder die Schatztruhe. Hier lässt es sich gut flüstern und tuscheln, und manchmal wird auch etwas ausgeheckt. Bäume, deren Äste bis zum Boden herabhängen wie bei Hängebuchen, Trauerweiden oder Hängebirken, bieten auch bei Wind und Wetter Schutz. Außerdem

HIMMELSSTÜRMER FÜRS VERSTECK

Name	Blütezeit Blütenfarbe	Standort
Brombeere *Rubus fruticosus* 'Loch Ness'	Juli–Aug. weiß	sonnig– halbschattig
Clematis *Clematis montana* 'Rubens'	Mai–Juni hellrosa	sonnig– halbschattig
Feuerbohne *Phaseolus coccineus*	Juli–Sept. rot	sonnig
Kiwi *Actinidia* spec.	Juni weiß	sonnig
Schlingknöterich *Fallopia aubertii*	Juli–Okt. weiß	sonnig– halbschattig
Schwarzäugige Susanne *Thunbergia alata*	Mai–Okt. gelb-orange	sonnig
Wilder Wein *Parthenocissus* spec.	Herbstfärbung Blüten unscheinbar	sonnig– halbschattig

Vorhang inklusive – Trauerweiden bilden mit ihren herabhängenden Zweigen einen natürlichen Schutz.

Das Bambusdickicht kann gar nicht dicht genug sein. Hier hat man die Großen erstmal abgehängt und kann in Ruhe Ideen und Streiche aushecken.

beansprucht ein einzelner Baum oder ein Strauch nicht soviel Platz wie eine Hecke oder ein Bambus-Gebüsch. Die leise im Wind wehenden Zweige der Trauerweide sind wie zarte Vorhänge. Mit ein bisschen Fantasie werden sie zum Luftschloss für Feen und Elfen.

Gut ausgeheckt

Für ein Spielgebüsch sind 2–4 m Breite ideal, damit ein bisschen Urwaldstimmung aufkommt. Wählen Sie robuste und schnell wachsende Gehölze (→ Seite 78/79). Sie wachsen problemlos und vertragen jeden Schnitt, und ihre weit überhängenden Äste bilden von selbst Höhlen. Sie können aber auch mit der Astschere ganz einfach die gewünschten Räume freischneiden. Rundbögen, Fenster und Durchgänge bieten spannende Durchblicke (→ Seite 18). Eine blickdichte Hecke wird in Form geschnitten (→ Seite 128/129), zur »Trutzburg« mit grünen Zinnen und Türmchen. Die Hainbuche nimmt keinen Schnitt übel. Ihre Äste lassen sich biegen und stutzen, wo man es gerade braucht. Lässt man sie aus der Hecke herauswachsen, hat sie sich in ca. 10 Jahren zum stattlichen Kletterbaum entwickelt. Seitlich gezogene Äste dienen darin als Sprossenwand. Sträucher mit Dornen und giftigen Beeren wie Liguster, Pfaffenhütchen oder Eibe sind im »Kindergarten« tabu. Auch Gehölze mit sparrigem Wuchs und brüchigen Zweigen eignen sich nicht. Pflanzen Sie 2–3 Sträucher pro m^2. Nun heißt es abwarten, denn erst 2–3 Jahre später ist das Gehölz strapazierfähig genug (→ Seite 42/43). Bedecken Sie den Boden zwischen den Sträuchern dick mit Rindenmulch. Das schützt den Wurzelbereich, vermindert die Austrocknung des Bodens und ist warm und angenehm, wenn man darauf geht.

Ein Spielgebüsch braucht kaum Pflege. Man muss nur ab und zu abgestorbene Äste und blattlose Triebe von Zeit zu Zeit herausschneiden. Das fördert frischen Neuaustrieb. Bei fehlendem Schnitt kommt es manchmal vor, dass Sträucher im Lauf der Jahre von unten verkahlen. Hier hilft oft nur eine radikale Verjüngungskur. Hainbuche, Forythie und Hasel treiben auch an der Basis wieder neu aus, wenn man sie »auf den Stock« setzt, d.h. man sägt sie direkt über dem Boden ab, um neuen dichten und buschigen Wuchs zu fördern.

Grüner Wigwam

Ein mit Kletterpflanzen begrüntes Weiden-Tipi (→ Seite 80/81) ist eine Behausung der besonderen Art. Unter dem Blätterdach kann man gemütlich im Kreis sitzen und Geschichten erzählen, Beeren und Nüsse futtern, mit Fundstücken der Natur Figuren und

Ketten basteln oder Stöcke schnitzen. Ein grünes Indianerzelt aus Feuerbohnen ist auch leicht gebaut. Man braucht dafür einen sonnigen Platz im Garten, denn die Feuerbohnen sind sonnenhungrige Gesellen. Für ein ca. 2 m hohes Gerüst mit einem Durchmesser von ca. 2 m benötigt man acht kräftige Haselruten oder Bambusstangen (aus dem Gartencenter) von 2,50–3 m Länge. Wenn man das Tipi auf einem Wiesen- oder Rasenstück baut, legt man die Hölzer zunächst sternförmig um einen Kreis im Durchmesser von 2 m gleichmäßig aus. Dann sticht man dort, wo die Stangen hineinkommen, die Grasnarbe ab, lockert das Erdreich und füllt mit Kompost auf. Die Stangen werden in den Boden gesteckt und oben zusammengebunden. Als Eingang lässt man eine Öffnung frei. Anfang Mai legt man rings um jede Stange etwa 8–10 Bohnenkerne in die Erde. Die Klettermaxen winden sich um die Stangen und begrünen das Zelt innerhalb weniger Wochen. Die feuerroten Blüten sehen hübsch aus, aber Achtung: Die grünen Bohnen sind ungekocht schwach giftig! Also hängen lassen und warten, bis die Hülsen welken. Dann kann man die schwarz-lila gemusterten Kerne herauspulen, aufbewahren und nächstes Jahr wieder aussäen oder zum Spielen verwenden. Noch reizvoller wird das Bohnen-Tipi, wenn man es mit anderen einjährigen Kletterpflanzen kombiniert (→ Tabelle Seite 74). Man kann sie einfach zusammen mit den Bohnen aussäen oder vorgezogene Setzlinge in die Zwischenräume pflanzen.

Häschen in der Grube

Eine natürliche Geländemulde wird unter einem Dach aus Ästen und Blättern zum idealen Versteck. In die Erde gebettet, ist man darin geschützt vor Regen und Wind. Für das Dach nimmt man große, gebogene Äste, z. B. von Fichte, Tanne oder Buche. Fragen Sie beim Förster danach. Im Wald werden immer wieder Bäume gefällt. Die Äste steckt man ringsherum in die Erde und legt sie in der Mitte übereinander. Verzweigte Äste sind besonders brauchbar, denn die kann man gut ineinander verkeilen. Abgedichtet mit einer darüber gelegten wasserdichten Plastikplane kann der Regen ruhig kommen.

Eiskalt entwischt

Im späten Herbst sehnen Kinder nichts so sehr herbei wie den ersten Schnee. Kein Wunder, denn damit fällt »Baumaterial« vom Himmel, auf das sie lange verzichten mussten. Wenn der frische Schnee sich etwas gesetzt hat, backt er gut zusammen und lässt sich wunderbar formen: ideale Bedingungen für ein Iglu als weißes Winterquartier. Am besten lässt sich ein Iglu aus »Schneeziegeln« bauen. Um möglichst gleichmäßige Qua-

Vorhang auf! Was hier im Dunkeln gemunkelt wird, geht nun wirklich keinen Erwachsenen etwas an.

Platz ist in der kleinsten Hütte, auch wenn´s mal eng wird. Und so viel ist sicher: My home is my castle.

Ein Tipi aus Feuerbohnen ist ein lauschiges Versteck. Die einjährigen Klettermaxen schaffen es binnen weniger Wochen, die Stangen zu begrünen.

der zu erhalten, nimmt man als Form einen eckigen Plastikeimer. Diesen füllt man mit Schnee, presst ihn im Eimer zusammen und stülpt ihn um – fertig ist der erste »Baustein«. Hat man einen kleinen Vorrat beisammen, schichtet man die einzelnen Ziegel in Kreisform leicht nach innen versetzt aufeinander, so dass eine Kuppel entsteht. Zum Verfugen streicht man auf die Wände innen und außen Schnee und klopft ihn mit Handschuhen glatt. In der Eishöhle wird es wie im richtigen Iglu gleich wohlig warm, denn Schnee isoliert prima gegen die Kälte. Dann muss man eigentlich nur noch hoffen, dass es draußen möglichst lange frostig bleibt.

Trautes Heim …

Wenn sich Ihre Sprösslinge für ein paar Jahre dauerhaft häuslich einrichten möchten, empfiehlt sich der Bau einer begrünten Laube, die mit der Zeit von mehrjährigen Kletterpflanzen wie Knöterich, Clematis oder Wildem Wein (→ Tabelle Seite 74) überwuchert wird. Hier können sich Kinder zurückziehen und im Spiel ihr eigenes Zuhause entwerfen, ganz wie die Großen: mit Mama, Papa, Kind und allem was dazugehört.
Den Unterbau bildet ein dauerhaftes, festes Laubengestell. Dazu versenkt man vier oder mehr jeweils 3 m lange Rundhölzer mindestens 60 cm tief in den Boden. Am besten eignet sich Robinienholz, da es witterungsbeständig ist. Die oberen Enden verbindet man über herumgewundene Strickseile mit Querlatten. Als Rankhilfe spannt man zwischen den Eckpfeilern einige senkrechte und waagerechte Schnüre. Einfacher und schneller geht's mit fertigen Holzspalieren aus dem Baumarkt. In 1–2 Jahren haben die Kletterer daran richtig Fuß gefasst und bilden grüne Wände. Sehr robust und wüchsig ist der Knöterich. Er überwuchert die Laube im Nu. Von der Kiwi benötigen Sie eine weibliche und eine männliche Pflanze, wenn Sie Früchte ernten wollen. Sie gedeiht allerdings nur in wärmeren Gegenden gut. Stachellose Brombeeren legen mächtig los und liefern frische Früchte. Für schattige Plätze empfiehlt sich die Pfeifenwinde oder *Clematis montana* 'Rubens'. Sie blüht im Mai über und über mit kleinen rosa Blüten.

Für einen Pappenstiel

Die Hütte kann noch so windschief und instabil sein, das vollkommene Kinderglück wird dadurch nicht gestört. Mit großer Fantasie bauen Kinder in null Komma nichts aus Decken und ein paar Besenstielen ein kuscheliges trautes Heim oder hängen einfach eine Zeltbahn über die Wäscheleine. Mit Heringen im Boden befestigt, ergibt sich daraus ein ganz passabler Unterschlupf. Ein ausgedienter Vorhang wird mit Schnüren im Baum an den Ästen befestigt, und fertig ist das Wolkenkuckucksheim.
Schon ein großer Verpackungskarton reicht als Räuberhöhle oder Piratenschiff. Fenster und Tür sind schnell hineingeschnitten. Durch einen im Gebüsch endenden Spieltunnel können die Räuber sogar unbemerkt hinein- und hinausschlüpfen.
Wichtig ist einzig und allein, dass die Materialien flexibel sind und jederzeit verändert werden können – denn nur so bleiben sie auf Dauer interessant. Das schönste Spielhaus nützt nichts, wenn man es nicht dem wechselnden und sich entwickelnden Spiel anpassen kann. Selbst ein langlebiges Refugium wie das Laubenhaus oder eine Bretterbude behalten nur dann ihren Reiz, wenn sie ausbaufähig sind.

Weide
Salix-Arten

Aussehen: alte, heimische, zweihäusige Kulturpflanze mit biegsamen Ruten; durch regelmäßigen Schnitt entstehen Kopfweiden. *Salix caprea* (Sal-Weide), *Salix purpurea* (Purpurweide), *Salix viminalis* (Korbweide) eignen sich am besten als Spielgebüsch. Die silbrigen Kätzchen der weiblichen Pflanzen gehören zu den ersten Frühlingsboten.
Standort und Pflege: feuchte Teich- oder Bachufer; ca. 50 cm lange Steckhölzer einfach in den gelockerten Boden stecken und feucht halten; wurzelt nicht im Baumschatten
Hinweis: Weidenruten eignen sich gut zum Flechten.

Ab ins Gebüsch: Diese

Bambus
Phyllostachys spec. und *Fargesia* spec.

Aussehen: immergrünes, strauchartig wachsendes Süßgras aus Ostasien; kräftiges Wurzelnetz, aus dem ständig neue Schößlinge sprießen; als Spielgebüsch 3–4 m hoch
Standort und Pflege: humoser, durchlässiger Boden; gedeiht auch im Schatten, verträgt aber keine Staunässe; bei stark Ausläufer bildenden Arten, z. B. *Sasa*, sollte man eine Wurzelschutzfolie (Rhizomsperre) eingraben.
Hinweis: geeignet sind *Fargesia nitida*, *Phyllostachys aurea* oder *Phyllostachys nigra* (mit schwarzen Röhren); brauchbar als Blumenstütze, für Zäune, Flöten oder Wasserrohre

Hainbuche
Carpinus betulus

Aussehen: Laub abwerfendes Gehölz aus der Familie der Birkengewächse; Blätter mit gesägtem Rand und auffälligen Blattadern; Wuchs von unten ab verzweigt; wird frei wachsend zum Baum; verliert das welke Laub erst im Frühjahr
Standort und Pflege: wächst auf allen Böden, in der Sonne und selbst im tiefen Schatten; Pflanzzeit ist der Herbst; als Heckenpflanze mit 30 cm Abstand pflanzen; schnittverträglich
Hinweis: für Lauben, Durchgänge, Höhlen und Tunnels; Formschnitt sowie Biegen und Fixieren der Seitenäste in die gewünschte Richtung ist möglich

Hasel
Corylus avellana

Aussehen: heimischer, bis 5 m hoher Strauch mit aufrechtem Wuchs; dichtes Blattwerk; biegsame Ruten; essbare Nüsse; prächtige Herbstfärbung von Gelb bis Orange; zierlicher ist die Korkenzieher-Hasel, deren Früchte ebenfalls essbar sind
Standort und Pflege: auf allen Böden; wächst auch im Schatten; verträgt zur Verjüngung Rückschnitt bis zur Basis
Hinweis: Kleine Naturforscher können im Frühling zweierlei Hasel-Blüten entdecken: die männlichen langen, gelben Kätzchen und die leuchtend roten weiblichen Blüten im Miniformat.

Sträucher halten was aus!

Hartriegel
Cornus sanguinea

Aussehen: heimischer, bis 3 m hoher Strauch mit weinroten Ästen, die im Winter weithin leuchten; die weißen Blütenrispen sind Käfer- und Bienennahrung; trägt blauschwarze, ungenießbare Früchte; Blätter verfärben sich im Herbst scharlachrot
Standort und Pflege: gedeiht in Sonne wie im Halbschatten an trockenen oder feuchten Standorten; fügt sich problemlos in jede lockere Naturgarten-Bepflanzung ein
Hinweis: Zweige geben winterlichen Blumenarrangements, z. B. mit Amaryllis, Kiefer oder Tanne, einen edlen Touch.

Hängebuche
Fagus sylvatica 'Pendula'

Aussehen: Gartenform der bei uns heimischen Rotbuche; die Seitenäste sind gebogen, weit ausladend und hängen bis zum Boden herab. Unter dem dichten Laubdach entsteht so eine natürliche Höhle zum Spielen; eine robuste, dekorative Heckenpflanze; wenn sie frei steht, wird sie ein stattlicher Baum.
Standort und Pflege: die Hängebuche entwickelt sich in feuchtem, nahrhaftem Boden gut; bildet ein weit verzweigtes Wurzelwerk; verträgt auch Schatten
Hinweis: Die essbaren Bucheckern enthalten Oxalsäure und sind daher in großen Mengen schwach giftig.

1 **Jede Menge Ruten**
Die Weiden sollen möglichst frisch verarbeitet werden. Für das Gerüst braucht man lange, kräftige Ruten, zum Flechten schlanke und biegsame. Eventuell vorhandene Blätter werden entfernt, damit die Stecklinge besser anwachsen und ihre ganze Kraft in die Wurzelbildung stecken.

Das Haus nimmt Gestalt an 2
Die Stützpfeiler werden 30–50 cm tief in die Erde gesteckt und oben zusammengebunden. Im Kontakt mit dem feuchten Boden schlägt das Weidengerüst innerhalb eines Jahres Wurzeln.

Eins drüber, eins drunter 3
Beim Flechten kommen Spaß und Fantasie zum Zuge. Groß und Klein packt mit an. Wie auf einem Webrahmen werden die Flechtruten quer zum Gerüst eingearbeitet. Dabei entstehen auch Fenster und Bullaugen.

Luftige Laube
In einem Weidenhäuschen kann man es sich gemütlich machen, Mama, Papa und Kind spielen und ganz unter sich sein, während das schützende Dach über dem Kopf mit der Zeit immer weiter zuwächst.

4

DAS BRAUCHT MAN FÜR EIN WEIDENIGLU

ZEITBEDARF:
ein Tag

MATERIAL:
- Sand
- 2 kurze Stöcke
- 15–20 gerade Weidenruten
- ca. 50 einjährige Weidenruten zum Flechten
- feste Schnur

WERKZEUG:
- Astschere
- Spaten
- Brechstange oder Metallstab
- Gartenschere

Stock für Stock zum Weidenhaus

Aus Weidenruten entstehen im Handumdrehen Häuser, Tunnel und Paläste. Die biegsamen Zweige bilden mit der Zeit grüne Höhlen, denn sie schlagen Wurzeln im Boden und treiben dann von selber aus. Und das Tollste – diese Eigenheime sind praktisch zum Nulltarif.

Keines unserer heimischen Gehölze ist besser zum Flechten geeignet als die Weide. Mit Silberweiden, Korbweiden oder Purpurweiden geht es am besten. Weidenruten fallen im Winter von November bis Februar als Schnittgut bei der jährlichen Pflege von Kopfweiden oder bei der öffentlichen Grünpflege an. Fragen Sie bei ländlichen Gemeinden, bei Grünflächenämtern oder Naturschutzverbänden nach. Es gibt auch auf den Weidenanbau spezialisierte Gärtnereien und einen Versandhandel (→ Seite 139). Für ein Weideniglu von ca. 2 m Durchmesser benötigen Sie 15–20 schöne, gerade Weidenstangen, die man senkrecht in die Erde steckt. Sie sollten 2–3 cm dick und 2–4 m lang sein. Als waagerechte Streben werden biegsame einjährige Weidenruten hineingeflochten.
Wenn Sie die Ruten nicht gleich verwenden, bewahren Sie sie an einem schattigen Ort auf und decken Sie sie mit feuchten Säcken ab.

Stecken & decken

Suchen Sie einen geeigneten Platz im Garten. Sie können Weidenhäuser überall bauen, nur nicht unter Bäumen, denn sie brauchen Sonnenlicht. Ein Lehmboden, der Wasser speichert, ist als Unterlage günstig.
Markieren Sie mit Sand zunächst den kreisförmigen Grundriss. Ein Zirkel aus 2 kurzen Stöcken und einer Schnur ist schnell hergestellt. Öffnen Sie ringsum mit dem Spaten entlang der Sandspur einen 30 cm tiefen Graben oder entfernen Sie die Grassoden an der Stelle, wo Sie die Weidenhölzer in den Boden stecken. Den Eingang sparen Sie dabei aus. Bohren Sie dann, z. B. mit einer Brechstange, alle 30–40 cm ein Loch oder öffnen Sie mit dem Spaten einen Spalt, damit Sie die Weiden 50 cm tief in die Erde versenken können. So wachsen sie gut an. Füllen Sie die Erde wieder auf und treten Sie sie ringsherum an. Biegen Sie die Weidenruten zur Mitte und binden Sie die jeweils gegenüberliegenden mit einer Schnur zusammen. Formen Sie für den Eingang einen Bogen, den Sie rechts und links in die Erde stecken. Auf halber Höhe eingebaute Querstangen stabilisieren das Gerüst.
Die Flechtruten werden quer zu den senkrechten Trieben wie auf einem Webrahmen eingearbeitet. Das können auch kleine Kinder schon gut. Je nach Fantasie und Laune kann man Fenster gestalten, Bullaugen, Herzen oder andere Muster formen. Füllen Sie im Innern eine 20–30 cm dicke Schicht Rindenmulch auf. Damit wird es zum Spielen schön gemütlich.
Falls Sie auch einen Kriechgang anlegen möchten, stecken Sie lange Ruten im Abstand von etwa 70 cm mit beiden Enden in den Boden. Im weiteren Verlauf lassen sie jeweils 20 cm Abstand zum nächsten Bogen. Auch hier werden waagerechte Ruten eingeflochten, die dem Tunnel die nötige Stabilität geben.
Ob Weidenzaun, Beetumrandung oder ein Fußballtor: Das Prinzip bleibt immer gleich – der Fantasie sind keine Grenzen gesetzt.

Hegen & pflegen

Weidenhäuser sind lebendige Gebilde. Wenn im April die ersten Knospen sprießen, ist das zwar ein gutes Zeichen, aber tief im Erdreich haben sich noch nicht genug Wurzeln entwickelt, um die Blätter ausreichend mit Wasser zu versorgen. Damit die Ruten nicht austrocknen, muss man Weidenhäuser im ersten Jahr vor allem im Sommer regelmäßig wässern. Stutzen Sie die in den Himmel wachsenden oberen Triebe regelmäßig und ersetzen Sie gebrochene Quertriebe immer wieder durch Neue. An lückigen Stellen setzen Sie 30 cm lange Steckhölzer ein. Richtig schön eingewachsen ist so ein Weidenhaus schon nach 1–2 Jahren. Als Klettergerüst sollte man es aber nicht verwenden.

Feenreich und Koboldwelt

Für kleine Zauberer und Märchenfeen schwebt über dem Garten ein Hauch von Magie. Ob Glückspflanzen, Hexenkräuter oder gruselige Kürbisgesichter – die Natur und die Pflanzenwelt sind voller Geheimnisse und Geschichten, die auf ihre Entdeckung warten.

Die kleine grüne Gartenwelt kann für Kinder nicht geheimnisvoll genug sein. In einem »märchenhaften« Garten tragen verborgene Winkel (→ Seite 74/75), ungewöhnliche Stimmungen und wundersame Pflanzen dazu bei, den Glauben der Kinder an gute Geister und magische Kräfte nicht so schnell zu entzaubern. Beim Spielen vergessen Kinder die Welt um sich herum. So wird der ganze Garten zum Märchenwald mit verzauberten Plätzen und unheimlichen Gestalten. In dunklen Ecken wittern sie nur allzu gern unberechenbare Kobolde, hinter jedem Gebüsch versteckt sich in ihren Augen ein Elf. Pflanzen zeigen bei Vollmond magische Kräfte, und rätselhafte Spuren am Boden bleiben unergründlich. Um in diese Welt einzutauchen und Poltergeistern und Dämonen die Stirn zu bieten, schlüpft man am besten selbst in eine Rolle. Als Furcht erregendem Zauberer oder unverwundbarer Waldfee kann einem nämlich nichts mehr passieren. Transparente Gaze, schillernde Stoffe, bunte Bänder, Masken aus Karton, Blütenkränze, Stirnbänder aus Farnwedeln und Weidenruten, lehmbeschmierte und zum Fürchten bemalte Gesichter – die Palette der in Frage kommenden Materialien ist groß, und der Fantasie sind keine Grenzen gesetzt, um die zu bestehenden Abenteuer in schützender Verkleidung heil zu überstehen.

Im Elfenland

Mit zunehmender Dunkelheit erwachen Feen und Trolle zum Leben. Im schemenhaften Licht der Dämmerung sind aber nicht nur verkleidete Kinder unterwegs. Auch geheimnisvolle Wesen bevölkern den Garten im Gras, zwischen den Blumenbeeten und in den Bäumen: Knorrige Äste, bizarre Wurzelstrünke und runde, mit Gesichtern bemalte Steine sehen einen unvermittelt an, schwebende Elfen aus Märchenwolle hängen an unsichtbaren Fäden im Baum. Ein kühler Luftzug bewegt wie von Geisterhand hauchdünne Gazestoffe und bunte Bänder aus Krepppapier in den Sträuchern. Flackernde Lichterketten, fantasievoll verzierte Laternen oder der Schein von Fackeln schaffen eine schaurig-schöne Atmosphäre.

Mit Lichterketten und Kerzenschein bekommt der Garten in der Dämmerung ein märchenhaftes Flair, das auch so manchem Kobold nicht verborgen bleibt.

Hat man sich nun geirrt oder tanzen da wirklich kleine Waldfeen durch den Garten? Geschmückt mit Farnwedeln und Blüten, sehen sie täuschend echt aus.

Die Schatzkiste der Natur hält genügend Material bereit für ungewohnte Erlebnisse. Seltsam geformte Steine und Hölzer, unheimliche Geräusche, eigenartige Tiere und Pflanzen, denen besondere Eigenschaften nachgesagt werden, haben auf Kinder eine ganz besondere Ausstrahlung.

Märchenhafte Pflanzenwelt

Dass geheimnisvolle Kräfte in Pflanzen stecken, ist schon seit uralten Zeiten bekannt. Es gibt eine ganze Reihe von Heilkräutern mit so viel sagenden Namen wie Liebstöckel und Teufelsabbiss. Daneben gibt es richtige »Power-Pflanzen« mit geradezu magischer Ausstrahlung.

Farn z. B. verdankt seinen Ruf als Zauberpflanze seiner besonderen Art der Fortpflanzung. Er vermehrt sich nicht durch Samen, wie die meisten Pflanzen, sondern durch kaum sichtbare Sporen auf der Blattunterseite. Deshalb glaubte man früher, Farn mache unsichtbar. Farnwedel dürfen deshalb bei keinem Hexenzauber fehlen.

Dem Volksglauben nach war das Johanniskraut ein Symbol für die Sonne und ein Zauberkraut, das vor Blitz, Feuer und Unheil schützte. Es erblüht an Johanni, zur Zeit des höchsten Sonnenstandes. Beim Sonnwendfeuer wirft man immer voller Hoffnung einen Strauß davon in die Flammen.

Die Welt ist voller Magie

Kleine Zauberlehrlinge müssen viel lernen und kleine Hexen ebenso, bis sie das Hexen-Einmaleins beherrschen. Vielleicht fangt ihr erst einmal damit an: Ein Basilikumtöpfchen oder ein Rosmarinstrauch als Geburtstagsgeschenk bescheren Glück und Gesundheit. Ein Kräuterstrauß über der Eingangstür zaubert eine wohltuende Atmosphäre ins Haus. Ein Lavendelsträußchen unterm Kopfkissen bringt schöne Träume. Ihr glaubt, das sei alles Hokuspokus? Probiert es aus! Ein Zauberstab aus einem Bambusstöckchen ist schnell geschnitten. Dazu braucht ihr noch den passenden Zauberspruch: Abrakadabra, Simsalabim, dreimal schwarzer Kater …

Kleine Magier, die ihre staunenden Zuschauer richtig verblüffen möchten, können in eine richtige Trickkiste greifen, um mit Pflanzen zu zaubern. Gewusst wie und – hastdunichtgesehen, wird z. B. eine weiße Nelkenblüte in eine rote oder blaue verwandelt: Benötigt wird dazu nur etwas farbige Tinte und ein Glas mit Wasser. Man gibt ein wenig Tinte in das Wasser, schneidet den Stiel der Nelke frisch an, stellt ihn in das Wasserglas und wartet, was passiert.

In ungläubige Gesichter blickt man auf der Halloweenparty sicher auch, wenn man seine »dressierten« Kürbispflanzen vorführt. Dazu befestigt man vorher einen dünnen Stab nahe an einer Kürbispflanze. Es wird nur wenige Stunden dauern, bis sie sich den Weg dahin gebahnt hat und ihre fingerlangen Blattranken den Stab auf der Suche nach Halt umwinden. Wenn das nicht an Zauberei grenzt!

Nicht zu glauben

Der Garten bietet Platz für eine ganze Reihe von Pflanzen mit erstaunlichen Eigenschaften (→ Seite 84/85). Da gibt es das Springkraut mit den gelenkigen Früchten, die bei der kleinsten Berührung in hohem Bogen fortgeschleudert werden oder die duftende Mondviole, die nur nachts ihr betörendes Aroma verbreitet. Und wie es das Schwarze Schmuckkörbchen schafft, nach Schokolade zu riechen, wird wohl auch ihr gut gehütetes Geheimnis bleiben …

Mimose
Mimosa pudica

Aussehen: Schmetterlingsblütler aus den Tropen; wird ca. 30 cm hoch; gefiederte, hellgrüne Blätter; blüht mit lila Köpfchen, woraus kleine Samenschoten wachsen
Standort und Pflege: aus Samen, die im Gartenfachhandel erhältlich sind; Topf mit der Pflanze an eine geschützte Stelle am Fensterbrett oder auf den Balkon stellen
Hinweis: Bei Berührung klappen die Blätter von der Spitze beginnend blitzschnell zusammen. Gleichzeitig senkt sich das ganze Blatt mithilfe kleiner Gelenke am Blattstiel nach unten. Damit schützt sich die Pflanze vor Regen und Fraßfeinden.

Einfach zauberhaft:

Nachtkerze
Oenothera biennis

Aussehen: aus Nordamerika eingewanderte, verbreitete, zweijährige Wildpflanze; aufrechter, bis 1 m hoher Stängel mit auffallend großen, gelben Blüten, die sich abends öffnen; blüht von Juni bis Oktober
Standort und Pflege: anspruchslos; Ansiedlung meist von allein; immer ein paar Exemplare am Beetrand oder im Kräutergarten stehen lassen
Hinweis: Blüten öffnen sich bei beginnender Dämmerung in wenigen Minuten mit schnellen Bewegungen; ihr Duft lockt Nachtfalter zur Bestäubung an.

Frauenmantel
Alchemilla vulgaris

Aussehen: ausdauernde, heimische Pflanze mit einer Blattrosette aus auffallend gerandeten und gezähnten Blättern; lockere, lang gestielte Blütenstände mit kleinen, gelben Blüten
Standort und Pflege: feuchte Standorte, kommt aber in unseren Gärten mit jedem Standort und Boden zurecht; im April pflanzen; Vermehrung durch Wurzelteilung
Hinweis: Bei hoher Luftfeuchtigkeit bilden sich morgens am Blattrand winzige Tröpfchen: Über drüsenförmige Zellen verdunstet überschüssiges Wasser. Nach Regen sammeln sich in der Mitte der Blätter Tropfen und funkeln wie Edelsteine.

Brennnessel
Urtica dioica

Aussehen: weit verbreitete, wehrhafte Wildpflanze; Staude; Blätter mit Brennhaaren auf der Blattunterseite; Blüten unscheinbar in Rispen in den Blattachseln
Standort und Pflege: verbreitet sich auf stickstoffreichen Böden von selbst, z. B. beim Kompost. Einige Exemplare stehen lassen und für Brennnesselsud verwenden
Hinweis: Brennhaare brechen bei Berührung ab, dringen in die Haut ein und geben eine Flüssigkeit ab, die Hautreaktionen auslöst; sie brennen nicht, wenn man in Richtung der Brennhaare, also von innen nach außen, streicht.

Weberkarde
Dipsacus fullonum

Aussehen: aufrechte, bis 1,50 m hohe, zweijährige Wildpflanze; große, stachelige, lila Korbblüten in kolbenförmigem Blütenstand; dekorative Samenstände
Standort und Pflege: sonniger Standort, anspruchslos, wächst auf jedem Boden, sehr häufig; breitet sich von allein aus, sonst Aussaat im Juli/August
Hinweis: Die gegenständigen Blätter der Karde sind am Stängel zusammengewachsen. Bei Regen entsteht dadurch ein »Wassergraben«, der als Schutz vor kriechenden Insekten dient. Vögel nutzen ihn als Tränke.

Gummibärchen-Blume
Cephalophora aromatica

Aussehen: stammt aus den Trockengebieten Chiles, wo der ca. 35 cm hohe Korbblütler zum Färben und als Fieber senkendes Mittel verwendet wird; kleine, kugelige, lang gestielte gelbe Blüten, die sehr lange blühen; grasgrüne, längliche Blätter
Standort und Pflege: bei uns als Einjährige durch Aussaat gezogen; Samen ist im gut sortierten Fachhandel erhältlich; liebt sonnige Standorte und gute, durchlässige Erde
Hinweis: Die gelben Blütenköpfe duften beim Zerreiben traumhaft fruchtig nach Gummibärchen – ein Muss für Nasenmenschen und Gummibärchenfreunde.

Bunte Topfparade

Blumentöpfe und Kübelpflanzen machen aus der Terrasse einen lauschigen Platz. Hübsche Farbkombinationen, betörende Düfte und rankendes Blattwerk zaubern Stimmung für die Großen, und den kleinen Gärtnern bietet der Topfgarten vielfältige Möglichkeiten zum Basteln.

Einjährige Kletterpflanzen wie Kapuzinerkresse und Trichterwinde bieten in Windeseile blühenden Sichtschutz.

Im Sommer wird die Terrasse zum Wohnzimmer im Grünen (→ Seite 28/29). Balkonblumen, Kletter- und Ampelpflanzen bilden rund um den Sitzplatz das lebende Inventar in Kästen und Kübeln. Damit sich die Pflanzen dort wohl fühlen, ist es wichtig, ihre Ansprüche zu berücksichtigen und ihnen geeignete Standortbedingungen zu bieten. Wählen Sie passende Arten für die Lichtverhältnisse auf Ihrer Terrasse. Optimal sind Ost- oder Westlagen, da die Pflanzen hier der Sonne nicht zu sehr ausgesetzt sind.

Wärme liebende Kräuter und mediterrane Kübelpflanzen fühlen sich im Topfgarten an der wärmenden Hauswand besonders wohl und werden zum Überwintern dann einfach ins Haus getragen (→ Seite 124).

Gut kultiviert

Topfpflanzen sind auf einen engen Raum beschränkt und benötigen daher besonders viel Zuwendung. Anders als im Beet reichen Wasser- und Nährstoffvorrat nur für kurze Zeit und müssen regelmäßig zugeführt werden. Achten Sie auch darauf, dass das Gefäß groß genug ist und sich bei überschüssigem Gießwasser keine Staunässe bildet.

Blumentöpfe sollten immer ein Abflussloch haben, egal ob sie aus Ton oder Kunststoff sind. Wenn Sie den Topf oder Kasten bepflanzen, legen Sie eine Tonscherbe über das Loch und füllen Sie zunächst eine Schicht Blähton oder Tonscherben darauf, damit überschüssiges Gießwasser nicht die Wurzeln schädigt. Dann füllen Sie mit Erde auf. Achten Sie bei der Wahl der Blumenerde auf Qualität und kaufen Sie sie im Fachhandel oder in einer Gärtnerei. Gute Topferde enthält ausreichend Humus, Tonanteile oder Kokos- und Holzfasern sowie einen Langzeitdünger, damit die Pflänzchen gleich richtig loslegen können.

Um die Balkonblumen den ganzen Sommer über bei Blühlaune zu halten, brauchen Sie etwa 4 Wochen nach dem Pflanzen einen Langzeitdünger, den man als Tabletten, Kegel oder Stäbchen im Fachhandel erhält. Er gibt die erforderlichen Nährstoffe nicht auf einmal, sondern kontinuierlich über Monate hinweg an die Pflanzen ab. Flüssigdünger, der eine kürzere Wirkdauer hat, gibt man in der Hauptwachstumszeit etwa ein Mal pro Woche. Beachten Sie beim Düngen stets die genaue Dosierungsanleitung auf der Verpackung.

An heißen Tagen sollte täglich abends oder frühmorgens gewässert werden. Urlaubstage können Sie mit einem automatischen Bewässerungssystem überbrücken (→ Seite 127).

Verwelkte Blütenstände sollten regelmäßig entfernt und zurückgeschnitten werden, um den Neuaustrieb zu fördern und die Pflanzen zu neuer

Fröhlich bemalt und mit Erde gefüllt bilden verschieden große Blumentöpfe ein stabiles Hochhaus und die süßen Monatserdbeeren wachsen im Etagenlook.

Blüte anzuregen. Frostempfindliche Arten werden im Winter an einem hellen, kühlen Platz im Haus (ideal sind ca. 5–10 °C) überwintert oder mit einem speziellen Frostschutzvlies warm eingepackt (→ Seite 134).

Schön kombiniert

Wenn man Topfpflanzen schön arrangieren möchte, lassen sich mit ein paar bewährten Gestaltungsregeln nette Effekte erzielen:

➤ Kombinieren Sie stets große Blüten mit kleinen. Ganz bezaubernd sehen z. B. Petunien mit Schneeflockenblume (*Sutera* spec.) oder kleinen rosa Duftgeranien aus.

➤ Zarte Pastelltöne passen zu klaren Farben, und verschiedene Gelb- und Orangetöne ergeben zusammen einen sonnenwarmen Kasten. Tagetes-Arten, Goldkosmeen und Kapuzinerkresse eignen sich dafür.

➤ Blattschmuckpflanzen sind die idealen Begleiter für starke Blütenfarben. Die hängende Weihrauchpflanze, die verschiedenen *Helichrysum*-Arten mit silbrigem oder goldenem Laub, Buntnesseln oder goldener Majoran setzen so manche Geranie oder Verbene richtig in Szene.

➤ Gräser bringen Bewegung in das Farben- und Formenspiel.

➤ In Ampeln und auf Etageren kann man die verschiedenen Wuchsformen der Blumen schön in Szene setzen.

Greifbar nah

Kaum zu glauben, was man von der Terrasse alles ernten kann. Für die Wärme liebenden Tomaten, Paprika, Andenbeeren und Gurken ist der geschützte Platz an der sonnigen Hauswand genau das Richtige. Pflanzen Sie Tomaten in einen mindestens 10-Liter großen Kübel. Bei speziellen Züchtungen von Balkontomaten oder Buschtomaten (→ Seite 58/59) ist das sonst obligate Hochbinden und Entfernen der Nebentriebe in den Blattachseln nicht mehr erforderlich.
Salat im Topf? Warum denn nicht? Pflücksalate kann man ständig blattweise ernten und schneckensicher aufbewahren. Erbsen und Stangenbohnen wachsen Platz sparend an Rankgittern in die Höhe. Kräuter in Töpfen und Kästen sind von der Küche aus immer in greifbarer Nähe, und der Schnittlauch im Tontopf ist bei regelmäßigem Gebrauch auch immer gut »frisiert«.
Auch eine kleine Obstplantage kann man auf der Terrasse anlegen. Äpfel gedeihen im Kübel am besten als Spindelbäumchen. Selbst Kirschen reifen in Topfkultur heran. Und Hochstamm-Johannisbeeren kann man im Doppelback mit einer Unterpflanzung aus Erdbeeren kultivieren.

Stapelweise Erdbeeren

Können Ihre Kleinen von den süßen Früchten einfach nicht genug bekommen? Kein Problem: In einem Erdbeerturm kann man die Ernte Platz sparend verdoppeln. Mit Plaka-Farben bunt bemalt, sieht er dazu auch sehr dekorativ aus (→ Abb. oben).

ERDBEEREN IM STAPELLOOK

Zunächst legt man in jeden Topf eine kleine Tonscherbe. So verstopft das Abzugsloch nicht mit Erde und überschüssiges Gießwasser kann abfließen. Danach füllt man bis zur Hälfte Blumenerde hinein und stapelt die Töpfe übereinander. In die Zwischenräume setzt man die Erdbeerpflänzchen und füllt mit Blumenerde auf. Nun noch angießen – fertig!

ZEITBEDARF:
ca. je 1 Std. zum Bemalen und Bepflanzen

MATERIAL:
- 3–4 Tontöpfe in abgestuften Größen
- Farben (wasserfest) und Pinsel
- Tonscherben für die Drainageschicht
- ca. 5 l Blumenerde
- ca. 10 Erdbeerstauden

WERKZEUG:
- Handschaufel
- Gießkanne mit Wasser

Spiel und Spaß im Garten

Spiel und Spaß stehen ganz oben auf der Hitliste von Kindern. Sandeln und mit Wasser spielen sind die unschlagbaren Favorits für die ganz Kleinen. Klettern, Abenteuer bestehen oder Tiere und Pflanzen zu erforschen fasziniert die Älteren. Ein Teich, eine Feuerstelle, vielfältige Materialien und Elemente für Bewegungsspiele garantieren spannende Erlebnisse und reines Gartenvergnügen.

Sand und mehr

Buddeln ist herrlich! Der Sand rieselt so schön durch die Hände und fühlt sich warm und kuschelig an. Ganze Landschaften, Burgen und Torten lassen sich daraus formen und mit Eimern voll Wasser in ein Matschparadies verwandeln – Vergnügen pur für die Kleinen.

Mit keinem anderen Naturmaterial kann man so fantasievoll spielen wie mit Sand. Unzählige Berge, Täler, Straßen und Tunnels nehmen durch Kinderhände Gestalt an, nur um kurz darauf durch ein paar Handgriffe einzufallen, mit Wasser zu zerfließen oder eine völlig neue Form anzunehmen. Sand verändert sich ständig, und das spricht Kinder spontan an. Jedes Kind kann sandeln, man kann nichts richtig oder falsch machen – Sand befreit. Beim Formen, Buddeln und Backen wird die Motorik der Hände geschult, die Kinder »be-greifen« förmlich, was sie tun. Sandeln beruhigt – so manche Wut zerrinnt wie die feinen Körner durch die Finger. Joachim Ringelnatz hat es treffend formuliert: »Kinderfinger fühlen, wenn sie in Sand wühlen, nichts und das Himmelreich.«

In der Backstube

Sand lässt sich häufeln, festklopfen, rechen, sieben oder zusammenpappen. Großen Spaß macht es, darin zu wühlen und zu graben. Kleine Kinder mögen es, Finger und Hände hineinzubohren, auf den Sand zu patschen oder ihn mit der Gießkanne zu wässern. Man kann auch die Füße bis zu den Knöcheln eingraben. In feuchtem, glatt gerechtem Sand werden Fuß- und Handabdrücke sichtbar. Auch Tierspuren entdeckt man manchmal. Vielleicht hat vorhin gerade ein kleiner Spatz ein ausgiebiges Sandbad genommen?
Unermüdlich werden Förmchen gefüllt, gestürzt und Kuchen gebacken. Ein glattes Brett, ein altes Tablett oder eine Baumscheibe dient dabei als Unterlage. Noch ein bisschen Puderzucker gefällig? Mit einem Sieb kein Problem. Unverzichtbar sind auch Schäufelchen, Eimer, Gießkanne und verschieden große Gefäße, die man mit Sand und Wasser befüllen kann. Kleine Baggerführer baggern Löcher, Gräben und Tunnels. Mit Baufahrzeugen und Planierraupen im Mini-Format werden die Pyramiden nachgebaut oder der Gotthardtunnel. Riesige Burganlagen entstehen im Teamwork mit allem Drum und Dran: Burgwall und Wassergraben, Türme, Erker und Zinnen. Als Zugbrücke dient ein altes Holzbrettchen, kleine Stöckchen werden zum Palisadenzaun, und oben auf dem Turm krönen bunte Fähnchen das kolossale Bauwerk. Nun können die Ritterfiguren aus dem Spielzeugschrank in Aktion treten.

Wasser marsch

Noch interessanter wird es, wenn Wasser ins Spiel kommt. Dann gibt´s Matsch – ein Gemisch mit unwiderstehlicher Anziehungskraft, das herr-

Eine Wasserpumpe am Sandspielplatz ist natürlich das Tollste. Sie bringt Dynamik ins Spiel und flutet im Handumdrehen ganze Flusslandschaften.

lich spritzt und an den Fingern klebt. Das eben fertig gestellte Kanalsystem wird eimerweise geflutet, und ein tiefer See nimmt Gestalt an. Toll, wie schnell das Wasser wieder versickert oder wie es den Hügel hinabläuft und dabei eine tiefe Rinne gräbt.

Der beste Platz

Kleinkindern genügt ein kleiner Sandkasten, den man von der Sitzecke auf der Terrasse aus im Blick hat. Einfache Bausätze aus Holz und Plastik gibt es im Baumarkt. Sie haben einen breiten Rand oder Ecken als Sitzgelegenheit. Achten Sie auf eine Abdeckung, z. B. eine Folie oder ein Holzdeckel, und einen Sonnenschutz. Wenn nicht schon ein Sonnendach im Bausatz integriert ist, sollte man unbedingt einen Sonnenschirm darüber aufstellen. Für größere Kinder ist eine Sandgrube oder eine kleine Sandlandschaft interessanter. In einer abgelegenen Gartenecke können sich die Kinder ungestört austoben, vielleicht unter einem Schatten spendenden Baum. Je nach Zahl der Nutzer rechnet man eine Fläche von 4 m^2 oder mehr, die sich der Geländeform anpassen oder nach Wunsch gestaltet werden kann. Man sollte sie aber 20–30 cm hoch einfassen, damit der Sand nicht mit der Zeit auf Wanderschaft geht. Dafür eignen sich Rundhölzer aus dem Baumarkt oder Baumstämme vom Sägewerk. Ein Hartholz wie Robinie harzt im Gegensatz zu Nadelhölzern nicht und ist lange haltbar.
Der Untergrund sollte nicht abgedichtet werden, damit das Wasser versickern kann. Ideal ist eine 20 cm dicke Schotterschicht. Sie verhindert, dass sich Sand und Erde vermischen. Ein wasserdurchlässiges Spezialvlies aus Kunststoff erfüllt den gleichen Zweck.

Sand in Form zu bringen, ist für kleine Kuchenbäcker ein immer wieder faszinierendes Vergnügen.

Dem Sand Beine machen

An einem Sandtisch können größere Kinder im Stehen werkeln. Dabei handelt es sich um eine flache Sandkiste auf Tischbeinen. Sie lässt sich durch einen praktischen Deckel mit Scharnier verschließen und im Winter oder bei schlechtem Wetter sogar in den Keller verlagern.

Sand ist nicht gleich Sand

Das fein zermahlene Gestein besteht aus unterschiedlichen Anteilen von Quarz und anderen Mineralkörnchen, die unter der Lupe wie große kantige Brocken aussehen. Man unterscheidet verschiedene Körnungen, die im Kieswerk in regional unterschiedlichen Qualitäten erhältlich sind.
In kleinen Mengen ist Sand auch im Baumarkt erhältlich, nur teurer. Bausand ist zum Spielen nicht geeignet, denn er enthält viele Tonanteile. Er verklebt leicht und wird dann knochenhart.
Verlangen Sie Spielsand in einer Körnung von 1–2 mm. Er ist gewaschen und enthält ein wenig Ton, damit die Kuchen auch backen, aber nicht zu viel, um nicht zu schmieren. Dieser Sand fühlt sich locker und weich an.

Steinzeit im Sandkasten

Auch Kies ist ein tolles Spielmaterial. Eine eher grobe Qualität hat der so genannte »Kies ab Wand«. Er ist frisch gebaggert und unverarbeitet, enthält also große und kleine Steine. Besser ist gewaschener Kies. Er ist schön gleichmäßig und im Kieswerk in verschiedenen Körnungen erhältlich. Mit Kieseln, Steinen und kleinen Findlingen lassen sich Sandburgen noch schön verzieren, aber natürlich auch neue Bauwerke schaffen.

Sauber bleiben

Leider finden auch Vierbeiner Sandgruben sehr interessant. Damit Hunde, Katzen oder Igel den Sand nicht verunreinigen können, sollte er nach dem Spielen abgedeckt werden. Auch bei Regen oder herabfallendem Laub ist eine Abdeckung sinnvoll. Sie sollte leicht sein, damit Kinder sie selber wegrollen können, z.B. ein Vlies oder eine Plane mit seitlichen Schlaufen, die man am Rand an einem abgerundeten Haken einhängen kann. Es gibt auch Fertig-Bausätze, bei denen man die Abdeckung hochkurbeln und als Sonnendach nutzen kann.
Einmal im Jahr sollten Sie den Sand aus hygienischen Gründen ganz austauschen. Entsorgt werden kann er z. B. im Wertstoffhof der Gemeinde.

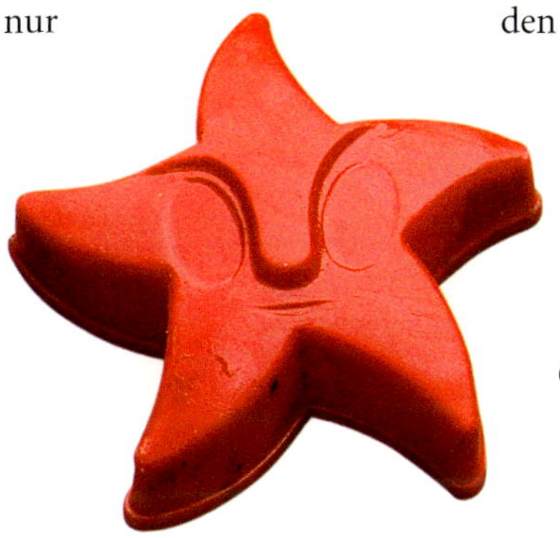

Kleine Architekten

Ein Garten für Kinder besteht nicht nur aus Schaukel und Beeten. In einem kleinen Stück Niemandsland können Ihre Kinder mit dem ältesten Baumaterial der Welt formen, bilden und werkeln: Lehm. So können Sie Ihre Kinder ganz leicht glücklich machen.

Lehm ist bindige Erde mit einem hohen Tonanteil, der sie saugfähig macht und mit Wasser stark aufquellen lässt. Seine Farbe variiert und ist je nach Fundort ocker, gelb, rötlich oder dunkelbraun. Aus den Pigmenten haben bereits die alten Meister ihre Malfarben selber hergestellt (→ Praxisinfo). Trocken backt Lehm zusammen und wird knochenhart, weicht aber mit Wasser wieder auf und kann neu verwendet werden. Diese Eigenschaft hat ihn überall auf der Welt zum begehrten Baustoff gemacht. Ob es Siedlungen in Nordafrika oder Südamerika sind, mitteleuropäische Fachwerkhäuser oder Erdöfen in Indien – weltweit wird überall seit Urzeiten mit Lehm gebaut.

PRAXISINFO

Gebrannte Erden herstellen

So kann man Farbpigmente zum Malen aus Lehm selber brennen:

- Kleine Lehmklumpen formen und in die Glut einer Feuerstelle legen, bis sie sich rot färben.
- Mit einer Grillzange herausnehmen und abkühlen lassen.
- Mit dem Hammer zerkleinern (Schutzbrille aufsetzen) und im Mörser zu Pulver zerstoßen. Vor dem Auftragen mit Wasser und einem Bindemittel (Eigelb oder Gummi arabicum) anmischen.

Der Erde ganz nah

Beim Spiel mit formbaren Materialien sind Kinder in ihrem Element. Sie können sich damit ohne viele Worte ausdrücken und etwas kreativ gestalten. Lehm ist dafür ideal: geschmeidig wie Knete und wunderbar geeignet, um daraus z. B. Figuren zu bilden.

Gestalt annehmen

Um Lehm verarbeiten zu können, wird er mit Wasser zu einem formbaren Teig geknetet. Ungebrannte Lehmziegel weicht man dazu einen Tag lang in einem Maurerbottich mit Wasser ein. Dann werden sie mit großem Vergnügen zerstampft. Ein Rundholz wird dabei wie ein Stößel gehandhabt. Bei Bedarf wird noch mehr Wasser dazugegeben. Auch mit Füßen lässt sich Lehm kneten, bis er zwischen den Zehen herausquillt. Das ist eine prima Fußmassage. Wenn er weich und geschmeidig ist, kann man aus ihm kleine Figuren, Tiere, Köpfe, Autos, Brezeln, Kugeln, eine Schlange und vieles mehr formen. Auf einem Fladen in Pizzagröße kann man den eigenen Hände- und Fußabdruck verewigen. Zum Trocknen legt man die Schätze in die Sonne. Das können nette Accessoires für die Terrasse oder das Kinderzimmer sein. Allerdings sind sie zerbrechlich. Festigkeit auf Dauer erhalten Sie nur durch Brennen in einem Keramikofen.

Lehm-Bauer unter sich

Lehm ist ein tolles Spielmaterial – aber wo bekommt man ihn her? Mit etwas Glück ist Ihr Gartenboden lehmhaltig, und das »gelbe Gold« liegt quasi vor der Haustür. Sie merken es daran, dass sie die Erde zwischen den Fingern zu einer Rolle formen können (→ Seite 36/37). Sonst fragen Sie beim Straßenbauamt oder im Kieswerk nach Lehm-Aushub. Vielleicht gibt es auch in Ihrem Baumarkt ungebrannte Lehmziegel zu kaufen.

Der beste Platz für eine Lehmgrube sollte schon aus Ihrem eigenen Interesse etwas abseits liegen. Grenzen Sie den »Bauplatz« durch Sträucher oder eine Hecke ab. Dann sind die Kinder unter sich und können sich nach Herzenslust verausgaben. Platz sparend ist ein selbst geflochtener Weidenzaun als Abgrenzung, dessen Flechtwerk man sogar mit Lehmfladen füllen und so noch verschönern kann.

Denken Sie schon bei der Anlage der Lehmbaustelle daran, dass ein Wasseranschluss benötigt wird. Nach den vorbereitenden Maßnahmen geht es ans eigentliche Werk: Heben Sie eine

Eine Lehmbaustelle braucht gar nicht viel Platz – entscheidend ist, dass der Fantasie genügend Raum bleibt.

Da werden die Eltern staunen: Nach dem lehmigen Vergnügen macht sogar das Saubermachen Spaß – Wasserschlauch und Bürste bringen im Nu alles wieder ins Reine, und die praktischen Matschhosen werden bis zum nächsten Einsatz an den Nagel gehängt.

Grube aus und füllen Sie einen Teil mit Lehm auf. Stellen Sie Schaufeln, Eimer, Gießkanne einen Bottich, Harke und Spaten zur Verfügung. Unverzichtbar als »Arbeitskleidung« für die kleinen Lehmbaumeister sind natürlich Gummistiefel und alte Hemden als Kittel. Praktisch sind abwaschbare Matschhosen für die ganz Kleinen. Im Sommer reicht aber schon eine Badehose für gänzlich unbeschwertes Schlamm-Vergnügen.

Der Gartenschlauch sollte immer in greifbarer Nähe sein, damit der Dreck dort bleibt, wo er hingehört, nämlich draußen im Garten. Auch wenn die Sprösslinge nach ausgiebigem Spiel noch so lehmverkrustet sind, unter der Dusche lässt sich alles leicht wieder abwaschen.

Bei Regen sollten Sie den ganzen Bereich am besten mit einer Kunststoffplane abdecken, damit die Baustelle nicht ganz und gar aufweicht.

Neuland betreten

Kinder finden den Garten am schönsten, wenn er noch gar kein »richtiger« Garten ist. Auf einer Neubaustelle lieben sie es, auf den aufgeschütteten Erdhügeln zu spielen, bevor alles planiert und eingesät ist. Wenn Sie einen Garten neu anlegen, überlassen Sie ihnen doch auch später einfach einen Erdhaufen zum Herumtollen und Graben. Was kann man nicht alles darin finden: Krabbeltiere aller Art, einen Mäusegang, alte Tonscherben und vieles mehr. Natürlich eignet sich Mutterboden auch wunderbar zum Buddeln und Graben.

Draußen backen

Früher war es üblich, in einem Lehmofen im Freien zu backen. Warum sollte man diese schöne Tradition nicht wieder aufleben lassen? Legen Sie an einem sicheren Ort einen Untergrund aus Steinplatten an (z. B. Schamottsteine). Als Grundgerüst wird darüber eine Kuppel aus Weidenruten (→ Seite 80/81) geflochten. Dem Lehm wird Stroh und Wasser beigemengt, bis eine griffige Masse entsteht. Dann formt man daraus handliche Fladen, mit denen man das Rutengeflecht etwa 5–10 cm dick einkleidet. Vorne bleibt eine Öffnung für die Ofentür, z. B. ein Kuchenblech oder ein alter gusseiserner Deckel, frei. Am hinteren Ende wird der Kamin mit Abzug geformt. Zum Schluss streicht man die Lehmmasse mit nassen Händen glatt.

Zum Trocknen muss man dem Ofen mit einem offenen Holzfeuer in den nächsten Tagen ordentlich einheizen, wobei die Temperatur langsam gesteigert wird. Dabei auftretende Risse werden gut mit Lehm verputzt. Zum späteren Backen wird die entstandene Glut dann einfach an die Seite geschoben oder vorher herausgeholt.

Von Wassernixen und Bademeistern

Mit Wasser im Garten wird der Sommer zum rundum erfrischenden Vergnügen. Ein Gartenschlauch bringt Ihre Sprösslinge garantiert auf spritzige Ideen, und ein Plantschbecken beschert kleinen Wasserfröschen waschechten Badespaß.

Keine Frage: Ein heißer Sommertag ist ohne kühles Nass im Garten undenkbar. Was könnte schöner sein, als bei Hitzefrei unter der kalten Gartendusche zu stehen oder im Wasserbottich einmal kurz abzutauchen? Am meisten Spaß macht es natürlich, das Vergnügen mit Freunden und Geschwistern zu teilen, sich gegenseitig unter großem Gejohle nass zu spritzen und das Angenehme mit dem Nützlichen zu verbinden. Der Rasen muss ja schließlich auch gewässert werden. Für alle Wasserfrösche, die dabei nicht untergehen möchten, kann man aus einer großen Vielzahl von sprühenden Ideen und vergnüglichen Spielen schöpfen.

Im nassen Element

Der Wunschtraum aller Kinder im Sommer ist natürlich ein eigener Schwimmteich oder Swimmingpool zum Hineinhüpfen, in dem man stundenlang auf der Luftmatratze dösen oder sich gegenseitig unter Wasser tauchen kann. Doch selbst kleine Bademeister werden einsehen, dass sich ein solches Dorado nicht in jedem Garten realisieren lässt. Aber es geht ja auch anders: Für die ganz Kleinen ist ein einfaches Plantschbecken sowieso am ungefährlichsten, und Größere nehmen gern mit einem Bottich oder der Regentonne vorlieb – Hauptsache, es ist herrlich nass!

Waschechtes Planschvergnügen

Ein aufblasbares Plastikbecken zieht Kinder magisch an. Selbst Ältere quetschen sich immer noch gern zwischen die vergnüglich plantschenden Minis, auch wenn ihnen das Wasser nur bis zu den Knöcheln reicht. Man kriegt scheinbar nie genug vom Wellenmachen oder Wasserschöpfen, Umfüllen und Ausgießen mit Eimer, Plastikschüssel und Kelle. Für die Plastikente und das Schiffchen ist dann zwar kaum noch Platz, aber die kann man ja auch zu Wasser lassen, wenn man selbst gerade nicht drin sitzt.

Richtig entwicklungsfähig ist eine weitere Möglichkeit: In einem flachen Folien-Spielteich mit Kiesschüttung am Boden können sich die Kleinen stundenlang beschäftigen. Ein Quellstein mit eingebauter Pumpe sorgt für frisches Wasser, und in einem Überlauf fließt es in den geschlossenen Kreislauf zurück. Wenn die Kinder groß sind, kann man den Spielteich

Augen zu – und durch! Über das kühle Nass aus dem Rasensprenger freuen sich an einem heißen Sommertag nicht nur die Gräser.

Sommervergnügen pur! Für eine nasse Rutschpartie reichen schon ein paar Quadratmeter Folie.

zum naturnahen Gartenteich umfunktionieren und schön bepflanzen. Übrigens: Kleinkinder sollten Sie selbst bei geringem Wasserstand nie ohne Aufsicht lassen (→ Seite 24/25). Bei den Größeren ist rings um den Wasserbottich schnell Land unter. Es platscht einfach so herrlich, wenn man mit den Füßen voran hineinspringt und bei den Umstehenden für eine eiskalte Überraschung sorgt – auch auf die Gefahr hin, dass man schon bald wieder nachfüllen muss.

In einem Rutsch

Auf einer nassen Kunststoffplane, die man einfach auf dem Rasen ausbreitet, nimmt der Spaß kein Ende. Ein Kind spritzt aus dem Gartenschlauch Wasser darauf, die anderen können wunderbar im Liegen, Stehen oder Sitzen schlittern. So eine Plane (erhältlich im Spielwarenhandel) muss ganz schön was aushalten, aber selbst aus stabilem Material kostet sie mit etwa 20 € nicht die Welt. Noch schöner ist es, wenn das Gelände ein bisschen abschüssig ist. Wer will, mischt noch etwas Schmierseife dazu. Es gibt sogar Planen mit eingebauten Wasserdüsen. Einfach den Gartenschlauch am vorgesehenen Zulauf anschließen – und Wasser marsch!

Alles Gute kommt von oben

Am liebsten sind Kinder mittendrin, wo es tröpfelt, rauscht und prasselt. Der Nachwuchs ist bei Bedarf sicher gern bereit, den Rasensprenger zu bedienen. Wunderbar ist es, wenn er die Richtung wechselt, denn dann trifft einen urplötzlich ein kühler Strahl. Und wer schafft es, hindurchzulaufen, ohne nass zu werden? Besonders beliebt sind natürlich Regner in Gestalt von Blumen oder Tieren, die in Bögen und Spiralen sprühen und das Nass unberechenbar in jede erdenkliche Richtung lenken. Auch ein einfacher Schlauch ohne Düse entwickelt ein seltsames Eigenleben. Unter starkem Druck windet er sich wie eine Schlange hin und her und lässt sich nur dann beschwören, wenn man ihm einfach den Hahn abdreht. Löcher im Schlauch sind dabei durchaus willkommen. Durch den Wasserdruck werden sie zu spritzigen Düsen und somit zum durchaus respektablen Ersatz für den Rasensprenger.
Kühle Schauer laufen einem auch aus wassergefüllten Schüsseln, Gießkannen, Eimern und Flaschen über den Rücken. Ganz Erfinderische befestigen die Brause mit dem Gartenschlauch über der Schaukel: rhythmisch Duschen heißt diese Disziplin. Das absolute Highlight aber ist eine Schlacht mit Wasserballons – da bleibt garantiert kein Auge trocken.
Man kann mit dem Gartenschlauch sogar einen Regenbogen zaubern. Dazu nimmt man eine ganz feine Düse und sprüht in Richtung Sonne. Das Licht bricht sich in den feinen Wassertropfen, und schon leuchten die schönsten Regenbogenfarben.

Im Fluss bleiben

Bewegtes Wasser in einem Bachlauf fasziniert alle Kinder. Stundenlang können sie Stauwehre und Brücken bauen, es umleiten und Schiffe und Flöße darauf schwimmen lassen. Wer den Aufwand nicht scheut, kann einen Bach im Garten selber anlegen. Schon ein leichtes Gefälle im Garten reicht für ein schmales Rinnsal aus. Notfalls hilft man mit einer kleinen Aufschüttung nach. Wem das Modellieren des Bachbettes zu aufwändig ist, nimmt Beton-Fertigteile zum Zusammenstecken (im Gartenfachhandel).
In einem geschlossenen Wasserkreislauf wird das Wasser schließlich mit einer Teichpumpe von unten immer wieder nach oben befördert.

An heißen Tagen geht kein Bottich leer aus. Wer nicht mehr reinpasst, bekommt eine kalte Dusche verpasst.

Das Leben im Gartenteich

Ein Teich ist ein magischer Anziehungspunkt im Garten. Die Wasseroberfläche spiegelt den Himmel und die Wolken wider, darunter verbirgt sich eine geheimnisvolle, lebendige Unterwasserwelt, in der es vieles zu entdecken gibt.

Ein Gewässer ist eine kleine Welt für sich. Es ist faszinierend zu beobachten, wie sich vor unseren Augen das wundersame, bunte Treiben der unterschiedlichsten Lebewesen entfaltet. Dort hüpft ein Frosch mit elegantem Kopfsprung vom Ufer ins Wasser, da huschen Wasserläufer wie auf Schlittschuhen in der Dämmerung über die Teichoberfläche. Spannend ist es auch, Libellen bei der Paarung, ihren Tandem-Flug und das seltsame Wippen bei der Eiablage zu beobachten. Und was sich dann erst alles unter Wasser abspielt! Um dazu nicht gleich ganz auf Tauchstation gehen zu müssen, reicht schon eine Dosenlupe.

Mit Lupe …

Mit einer Dosenlupe, die zwei Öffnungen hat, kann man die Unterwasserwelt gefahrlos erkunden: Dazu werden von einer Blechdose Deckel und Boden so entfernt, dass keine scharfen Kanten stehen bleiben. Über eine Öffnung wird mit einem Gummi eine transparente Folie gespannt. Wenn man das Ende mit der Folie ein Stückchen in das Wasser hineintaucht, sieht man vielleicht Wasserkäfer wie den Rückenschwimmer, der mit dem Hinterteil an der Oberfläche Sauerstoff tankt oder den Gelbrandkäfer, der immer wieder auftaucht, um sich einen Luftvorrat unter den Flügeldecken mit in die Tiefe zu nehmen. Mit etwas Glück sieht man auch eine Wasserspinne, die es sich inmitten einer Luftblase gemütlich macht oder eine Posthornschnecke, die genüsslich an einer Unterwasserpflanze »grast«. Auch eine Becherlupe, die es in vielen Spielzeuggeschäften gibt, ist praktisch. Etwas Geschick ist zwar nötig, um mit dem durchsichtigen Becher einen Käfer oder eine Libellenlarve mitsamt Wasser einzufangen, aber dann kann man die »Beute« durch die eingebaute Lupe im Deckel in Ruhe in ihrem Element betrachten. Wer hätte gedacht, dass Libellen richtige Verwandlungskünstler sind? Ihre Larven leben 1–2 Jahre unscheinbar unter Wasser, bis sie auf einem Pflanzenstängel am Ufer nach draußen krabbeln und sich in der wärmenden Sonne zum schillernden »Hubschrauber« häuten – ein spannendes Schauspiel für kleine Naturforscher.

Fressen und gefressen werden

Diese für das ökologische Gleichgewicht sehr nützliche Devise gilt auch im Gartenteich. Mit etwas Glück kann man beobachten, wie Libellen, Käfer und Frösche Jagd auf Fliegenlarven oder Stechmücken machen. Ein richtiger »Algenkiller« ist das Moderlieschen, ein heimischer Schwarmfisch,

PRAXISINFO

Leben in der Randzone

Teichpflanzen sind auf verschiedene Wassertiefen spezialisiert, z. B.

- Sumpfzone (0–20 cm): Sumpf-Schwertlilie (*Iris pseudacorus*), Sumpfdotterblume (*Caltha palustris*), Fieberklee (*Menyanthes trifoliata*)
- Flachwasserzone (20–50 cm): Froschlöffel (*Alisma plantago-aquatica*), Pfeilkraut (*Sagittaria sagittifolia*), Zwerg-Rohrkolben (*Typha* minima)
- Tiefwasserzone (50–100 cm): Gelbe Teichrose (*Nuphar lutea*), Seerose (*Nymphaea* spec.), Schwimmendes Laichkraut (*Potamogeton natans*)

Bei näherer Betrachtung entpuppt sich selbst ein kleiner Teich als Tummelplatz für eine Vielzahl unterschiedlicher Tiere.

Eine kleine Regatta ist selbst im Mini-Teich auf der Terrasse möglich. Für richtigen Seegang braucht man aber genug Puste.

der mit dazu beiträgt, dass sich der durch ständigen Nährstoffeintrag starke Algenwuchs auf natürliche Weise in Grenzen hält.

So lässt sich´s leben

Ideale Bedingungen für das vielfältige Leben im Teich bieten unterschiedlich tiefe Wasserzonen und eine breit angelegte Sumpfzone. Eine Wassertiefe von mindestens 80 cm ist wichtig, damit der Teich im Winter nicht bis unten durchfriert und Frösche und Fische am Grund überwintern können. Im Winter kann man für die Sauerstoffzufuhr ein Loch in die Eisdecke schlagen und es mit Styropor abdecken. Wenn das nicht reicht, hält ein elektrisch betriebener Eisfreihalter die Wasserfläche frei (→ Seite 134/135).

... und Kescher

Mit einem Kescher – das ist ein Fangnetz am Stiel – kann man Wassertiere zur Beobachtung an Land holen. Dabei sollte man wie immer beim Umgang mit Tieren besonders behutsam sein. Bevor man auf die Jagd geht, füllt man ein Aquarium oder großes Einmachglas mit Wasser. Dann streift man mit dem Kescher an den Wasserpflanzen entlang, stülpt ihn mit dem Fang über dem Aquarium um und taucht das Netz ins Wasser, ohne es mit den Händen zu berühren. Mit der Becherlupe kann man einzelne Insekten dann herausfischen und genauer betrachten. Mithilfe der Tierporträts (→ Seite 98/99) oder einem Bestimmungsbuch kann man herausfinden, um welche Tiere es sich handelt. Zum Schluss gießt man Wasser samt Inhalt wieder vorsichtig in den Teich zurück.

Wasserwelt im Kleinformat

Ein Mini-Teich auf der Terrasse ist eine gute Lösung für alle, die keinen Platz für einen Teich im Garten haben oder ein Gewässer auf »Probe« möchten. Ein ca. 40 cm tiefer Holzkübel, ein Topf aus glasiertem Ton oder eine Zinkwanne reichen als Behälter aus. Wichtig ist, dass der Behälter dicht ist. Dazu können Sie ihn, wenn nötig, mit spezieller Teichfolie auskleiden oder gleich einen fertigen Bausatz aus dem Gartencenter besorgen.
Füllen Sie Kies und Steine nur so hoch ein, dass die Wassertiefe noch mindestens 20 cm beträgt. An einer Seite schichtet man Steine bis zum Rand treppenförmig auf, damit sich hineingefallene Kleintiere retten können. Man kann auch verschieden hohe Gefäße zusammen- oder ineinanderstellen. So entsteht in flachen Schalen eine Sumpfzone mit Fieberklee und Tannenwedel und im höheren Bottich bringen Zwergseerosen, Rohrkolben oder Schwanenblume die Vorzüge des Wasserlebens schön zur Geltung. Im Sommer entfernt man verwelkte Triebe, schneidet die Pflanzen zurück und füllt regelmäßig mit frischem, kühlem Regenwasser auf.

Moderlieschen
Leucaspius delineatus

Aussehen: ca. 10 cm langer Süßwasserfisch, der in hiesigen Gewässern heimisch ist; schlanker Körper; Rücken olivbraun bis graugrün, Kopf und Körperseiten silbrig glänzend, mit stahlblauem Längsstreifen
Lebensweise: in stehenden oder langsam fließenden, vegetationsreichen Gewässern mit schlammigem Grund; lebt im Schwarm; ernährt sich von Kleinkrebsen und Plankton
Hinweis: Eiablage in einem ringförmigen Band um Wasserpflanzen; Männchen schützt und nährt die Brut durch Zuwedeln sauerstoffreichen Wassers

Beim Tete-a-Tete

Blaugrüne Mosaikjungfer
Aeshna cyanea

Aussehen: Großlibelle mit 2 Flügelpaaren und 2 Komplexaugen, die einander berühren; schlanker Hinterleib mit hellgrüner und blauer Musterung
Lebensweise: Männchen »verteidigen« ihre Reviere; elegante Flugkünstler, wechseln abrupt die Richtung oder schwirren auf der Stelle; Paarung im Flug; Eiablage am Teichrand; Larven leben 2 Jahre im Wasser, bevor sie an Land zur Imago (dem erwachsenen Tier) schlüpfen
Hinweis: Libellen stechen nicht! Leere Larvenhüllen kann man an Schilfrohrstängeln entdecken.

Gelbrandkäfer
Dytiscus marginalis

Aussehen: etwa 3 cm großer Schwimmkäfer mit braunem Körper und auffällig gelbem Rand an Flügeldecken und Halsschild; Unterseite gelb; lange Hinterbeine mit Borsten, mit denen er sich beim Schwimmen schnell fortbewegt; Larve hellbraun, 5–6 cm lang
Lebensweise: Käfer und Larve leben räuberisch; schöpfen unter den Flügeldecken an der Wasseroberfläche Luft
Hinweis: Luftblase im Bauch sorgt für Auftrieb; Larve hat Beißwerkzeuge, mit denen sie Gift in Beutetiere spritzt; Biss ist auch für Menschen schmerzhaft

Wasserläufer

Gerris lacustris

Aussehen: Wanze mit schwarzbraunem, ca. 1 cm langem Körper mit Flügeln, zwei kurzen Vorderbeinen und vier dünnen, langen Laufbeinen mit feinen Härchen am Ende

Lebensweise: auch in kleinen Teichen; gleitet auf »Luftpolstern« schnell über die Wasseroberfläche; kann über 1 m weit springen; geht in der Dämmerung auf Beutefang

Hinweis: Durch die Fortbewegung des Wasserläufers auf dem Teich wird die »Haut«, die Oberflächenspannung des Wassers, gut sichtbar. Sein geringes Gewicht verhindert, dass der Wasserläufer die Oberflächenspannung durchbricht.

Grasfrosch

Rana temporaria

Aussehen: grün bis hellbraun oder braun mit dunklen Flecken; Unterseite weißgrau gefleckt; die Hinterbeine sind mit Schwimmhäuten ausgestattet.

Lebensweise: Paarungszeit und anschließende Eiablage in Laichballen erfolgen Ende Februar; nach 8 Tagen schlüpfen die Kaulquappen, die sich bis zum Sommer zu kleinen Fröschen entwickeln; erwachsene Tiere überwintern im Bodenschlamm des Teiches oder an Land.

Hinweis: Quaken lockt die Weibchen an und markiert das Revier; es wird durch luftgefüllte Schallblasen am Kopf erzeugt

Teichmolch

Triturus vulgaris

Aussehen: ca. 11 cm großer Schwanzlurch; schmaler Körper mit langem, seitlich zusammengedrücktem Schwanz und kurzen Beinen; braun-olivfarben mit dunklen Tupfen; Männchen trägt zur Paarungszeit einen hohen, welligen Rückenkamm

Lebensweise: lebt nur zur Paarungszeit und als Larve im Wasser; Laichzeit im Mai; Weibchen legt Eier einzeln an Wasserpflanzen ab; sonst in feuchten Verstecken an Land; nachtaktiv; überwintern in Erdlöchern

Hinweis: auffällig gelber bis orangefarbener Unterbauch mit dunklen Flecken

Der Spatz in der Hand...

In einem abwechslungsreich gestalteten Garten gibt es nicht nur viele Pflanzen. Mit naturnahen Bereichen lockt man auch viele heimische Wildtiere an. Eine tolle Gelegenheit, Kröte, Igel und die Vogelschar in aller Ruhe zu beobachten.

Ein Garten wird nicht nur für die zweibeinigen Bewohner zum »Lebensraum«. Auf einem Streifzug entdeckt man schnell, dass er auch vielen heimischen Tieren als grüne Oase dient. Obstbäume, Sträucher, Stein- und Reisighaufen, Mauern und Nischen an der Hauswand bieten Säugetieren, Reptilien, Vögeln und Insekten Unterschlupf, Brutplatz und Nahrung. Ein Laubhaufen ist als Schlafplatz für Igel oder als Nistgelegenheit bei Rotkehlchen begehrt. Ein Stapel Holz ist ein prima Versteck für Asseln und Tausendfüßer. Und die abgeblühten Gräser und Stauden sollten als Nahrungsquelle für Vögel und Winterquartier für Insekten ruhig bis zum Frühjahr stehen bleiben. Der Mut zur »Wildnis« wird belohnt: Neue Mitbewohner lassen bestimmt nicht lange auf sich warten.

Gefiederte Gäste

In alten Bäumen und artenreichen Hecken werden Singvögel zu Dauergästen. Im Weißdorn brütet der Zaunkönig, im Wilden Wein an der Hauswand hat sich die Amsel ein Nest gebaut. Der knorrige Ast eines alten Obstbaumes dient dem Hausrotschwanz als Höhle, im Meisenkasten zieht ein Blaumeisenpärchen seine Jungen auf. An heißen Tagen sind Vögel dankbar für eine flache Vogeltränke, in der sie ausgiebig baden. Im Winter picken Kohlmeisen Hagebutten und Vogelbeeren, und ein bunter Stieglitz die Samen von den Disteln. In strengen Wintern kann man Vögeln Meisenknödel aufhängen oder Futter in einem Futterhäuschen anbieten. Auch die Ausstechformen für die Weihnachtsplätzchen kann man mit Vogelfutter füllen und in Bäume und Sträucher hängen. Dazu erhitzt man Rindertalg, bis er flüssig wird, und streut Vogelfutter hinein. Nun gießt man die Mischung in die Förmchen. Beim Auskühlen wird die Masse fest. Sind Frost und Schnee vorbei, müssen Vögel sich ihr Futter jedoch wieder selber suchen. Um überlebensfähig zu bleiben und später die Jungen aufzuziehen, dürfen sie ihren Nahrungsinstinkt nicht verlieren. Pflanzen Sie alternativ Nährgehölze, das sind Beeren tragende Sträucher und Bäume wie Schlehe oder Vogelbeere. Nistkästen sollen möglichst katzensicher aufgehängt werden. Sie können z. B. spezielle Schutzgitter anbringen.

Das bunte Herbstlaub macht nach der Blätterschlacht auch noch den Tieren im Garten Freude. Mit Reisig aufgeschichtet wird es zum Winterquartier für Igel.

Ein Holzklotz mit Löchern und gebündelte Sonnenblumenstängel dienen Insekten als Wohnstube.

Jäger & Sammler

Für Kleinsäuger sind eingewachsene Gärten ein gern genutztes Refugium mit vielen Verstecken und reichem Nahrungsangebot. Steinmarder, Eichhörnchen und Siebenschläfer mögen alte knorrige Bäume, wo sie am liebsten ihre Höhlen bauen. Fallobst und Nüsse sind das reinste Festmahl. Für Fledermäuse gibt es spezielle Nistkästen, oder sie finden einen Hohlraum hinter einer Holzverschalung.

Putzige Ritter

Igel vertilgen genüsslich die lästigen Schnecken und trippeln mit ihren kurzen Beinchen eilig davon. Tagsüber verstecken sie sich im Unterholz, und nachts wird die Wiese zum Jagdrevier. Igel wandern von Garten zu Garten, wenn keine Mauer oder kein Zaun sie hindern. Im Herbst fressen sie sich satt und rund für den langen Winterschlaf bis zum April. Lassen Sie Fallobst und ein paar Nüsse liegen, setzen Sie in dieser Zeit keinen Kompost um und türmen Sie Reisigstapel und Falllaub als Schlafplatz auf.

Es kreucht und fleucht

Mauerritzen und Lesesteinhaufen sind für Wärme liebende Reptilien ein ideales Terrain zum Sonnenbaden und Wärme tanken. Bei Kälte werden sie starr und unbeweglich, was ihnen ohne geeignetes Versteck zum Verhängnis werden könnte.

Bunte Falter

Was wäre ein Sommer ohne Schmetterlinge, die auf der Suche nach Nektar von Blüte zu Blüte gaukeln? Ein Staudenbeet mit Karden und Wildem Dost, die Blütenstände vom Sommerflieder und süßer Klee sind das reinste Tischleindeckdich für die emsigen Sammler. Für ihre Kinderstube brauchen manche Arten Futterpflanzen wie die Brennnessel. Hier fressen sich die Raupen von Admiral, Tagpfauenauge, Braunem Bär, Kleinem Fuchs oder Landkärtchen rundum satt. Die zauberhaften Zitronenfalter überwintern in Gartenschuppen und sind bei der Nahrungssuche im Frühjahr die ersten.

Viel Gebrumm

Über 300 Wildbienenarten sind bei uns heimisch, aber keine Sorge: Man kann so ein pelziges Bienchen ruhig auf die Hand nehmen. Wildbienen stechen nicht, denn sie haben keinen Staat zu verteidigen wie die Honigbienen. Sie legen ihre Eier wie andere Hautflügler in Holz, Lehmwänden oder hohlen Stängeln ab. Dort schlüpfen die Larven, verpuppen sich und entwickeln sich zum erwachsenen Insekt. Als Nisthilfe kann man in einen Holzklotz unterschiedlich dicke Löcher bohren und ihn an geschützter Stelle, nach Süden ausgerichtet, aufhängen. Auch ein Bündel Strohhalme wird unter Umständen als Wildbienen-Kinderstube angenommen. Beeindruckend ist die seltene, blau schillernde, 2 cm große Holzbiene. Die großen Blüten des Muskatellersalbeis oder der Glyzinie ziehen sie magisch an. Erdhummeln und Bienen trifft man garantiert auf Phazelia, Lavendel, Ysop, Artischocke oder Stockrose an.

Da machen Ohrwürmer Augen

Am Stamm eines Obstbaumes oder in den Stangenbohnen kann man Behausungen für Ohrwürmer anbringen, die bei der Bekämpfung von Pflanzenschädlingen nützliche Helfer sind. Sie sind nachtaktiv und brauchen tagsüber dunkle Verstecke. Als Aufhängung wird durch das Loch in einem Tontopf eine Schnur gezogen, in die ein Hölzchen als Sperre eingeknotet ist. Dann wird der Topf mit Stroh oder Holzwolle gefüllt und umgedreht aufgehängt.

PFLANZEN ALS LOCKMITTEL

Bienenfreund *Phacelia tanacetifolia*	Bienen und Hummeln
Brennnessel *Urtica dioica*	Schmetterlingsraupen
Flockenblume *Centaurea jacea*	Schmetterlinge
Hornklee *Lotus corniculatus*	Bienen und Hummeln
Schlehe *Prunus spinosa*	Vögel
Vogelkirsche *Prunus avium*	Vögel
Wein-Rose *Rosa rubiginosa*	Vögel
Wilder Dost *Origanum vulgare*	Bienen und Hummeln

Tagpfauenauge
Inachis io

Aussehen: Tagfalter mit hübscher Augenzeichnung auf den rostroten Flügeln; zusammengeklappt dunkelgraue Tarnfarbe; Raupe schwarz mit Dornen und weißen Sprengseln; Puppe grau-grün, an einem Punkt aufgehängt
Lebensweise: Eiablage im Frühling auf Brennnesselblättern; Raupen spinnen sich ein und verpuppen sich; nach 2 Wochen schlüpft der Schmetterling; ernährt sich von Blütennektar, z. B. Schmetterlingsflieder, Disteln, Klee, Dost; überwintert in Höhlen oder Kellergewölben
Hinweis: Raupen sieht man ab Mai an geschütztem Standort

Zu Gast im Garten:

Igel
Erinaceus europaeus

Aussehen: nachtaktiver Kleinsäuger mit schwarzbraunem, stacheligem Fell, dunklen Knopfaugen und spitzem Schnäuzchen; kann nicht schnell flüchten, rollt sich deshalb bei Gefahr zu einer stacheligen Kugel zusammen
Lebensweise: streunt als Einzelgänger durch Parks und Gärten; braucht dichtes Gebüsch, Holz- oder Reisighaufen als Versteck und für die Jungenaufzucht; ernährt sich von Schnecken, Würmern und Insekten; Winterschlaf von Oktober bis April in Laubhaufen oder Kompost
Hinweis: auffällig sind die lauten Fraßgeräusche (Schnaufen)

Eichhörnchen
Sciurus vulgaris

Aussehen: Kleinsäuger mit rostrotem oder braunem bis schwarzem Fell, weißer Bauchfleck; auffallend sind die Ohrbüschel und der buschige Schwanz; scharfe Krallen
Lebensweise: klettert sehr behände in Bäumen und kann weit von Ast zu Ast springen; baut großes Nest aus Zweigen (Kobel); Weibchen bekommt zweimal im Jahr Junge; ernährt sich von Samen, Nüssen und Knospen; hält Zapfen beim Nagen mit den Vorderpfoten fest
Hinweis: im Herbst vergräbt es Nüsse, Eicheln, Samen als Wintervorrat; typisch sind die sauber abgenagten Zapfen

Kohlmeise
Parus major

Aussehen: 14 cm großer, weit verbreiteter Singvogel; blauschwarzer Oberkopf mit weißen Wangen; Bauch gelb, mittig mit schwarzem Längsstreifen; türkisblaue Färbung an Schwanz und Flügeln; wechselhafter Gesang, meist zi-zi-dä
Lebensweise: legt im Frühjahr 8–10 Eier in Höhlen oder Nistkästen an Bäumen; Brutzeit bis zum Schlüpfen ca. 2 Wochen; die Jungen werden mit Insekten und Raupen aufgezogen und sind nach 2–3 Wochen flügge
Hinweis: häufiger Gast am Futterhäuschen, nur bei Frost und Schnee füttern, geeignet sind Meisenknödel

willkommene Untermieter

Siebenpunkt
Coccinella septempunctata

Aussehen: zutraulicher Laufkäfer aus der Familie der Marienkäfer mit leuchtend rotem Flügelpanzer und schwarzen Punkten; es gibt verschiedene Arten in gelb, rot oder schwarz mit zwei oder mehr Punkten
Lebensweise: im Frühjahr Gelege mit gelben Eiern auf der Unterseite von Blättern; aus der Puppe der graublauen Larven mit orangefarbenen Punkten schlüpft der Käfer; Überwinterung unter morscher Rinde und Scheunen; fliegt kilometerweit
Hinweis: Larven fressen bis zu 100 Blattläuse am Tag; von den ausgesaugten Läusen bleiben die leeren Hüllen zurück

Buntspecht
Dendrocopos major

Aussehen: amselgroßer Vogel mit schwarz-weißer Musterung; schwarzer Rücken und rote Schwanzunterseite; langer kräftiger Schnabel, kräftige Füße, sein kräftiger Schwanz dient als Stütze beim Klettern
Lebensweise: legt die Eier in selbst gezimmerten Baumhöhlen ab; frisst Insekten, die er unter Baumrinde sucht, sowie Samen und Beeren, hämmert mit dem Schnabel Löcher in Totholz; klemmt Tannenzapfen in Ritzen fest und schlägt die Samen heraus (Spechtschmiede)
Hinweis: als »Zimmermann des Waldes« bekannt

Wenn das Abenteuer ruft

Balance halten, Risiken einschätzen und Hindernisse überwinden – darum geht es oft im Leben. Beim Klettern und Balancieren können Kinder schon mal ausgiebig üben.

Über den Rio Grande gibt es keine Brücke. Nur eine Hängekonstruktion aus zwei Seilen führt an das andere Ufer. Wird es das waghalsige Expeditionsteam schaffen, den reißenden Fluss zu überqueren? Beim Spiel tauchen Kinder ab in eine andere Welt und vergessen alles um sich herum. Sie überwinden imaginäre Hindernisse, bezwingen Berge oder durchqueren eine Schlucht. Das Abenteuer lockt, und immer neue Gefahren werden bestanden. Das gibt Sicherheit und die Chance, dass Kinder nur die Dinge tun, die sie sich auch zutrauen. Heute ist es der Sprung von der untersten Sprosse, morgen geht's vielleicht schon etwas höher. Nur durch Erfahrung lernen Kinder, die Risiken selber einzuschätzen. Auch für Eltern ist das ein Balance-Akt. Aber wenn die sichernde Hand nach und nach losgelassen wird, ist der erste Schritt zur Selbstständigkeit getan.

Na, schwindelfrei? Die frei schwingende Strickleiter ist nur etwas für richtige Akrobaten.

Verwegene Gipfelstürmer

Böschungen, Hügel und Gräben sind zum Kraxeln, Rutschen und Herunterspringen ideal. Wenn der Berg ruft, gibt es kein Halten mehr, und die kleinen Gipfelstürmer erklimmen ihn über Trittstufen aus Holz oder hangeln sich an der steilsten Stelle empor. Ein Kletterseil, das oben und unten gut verankert ist, dient zum Festhalten. Danach geht es über eine Rutsche hinab ins Tal, oder man lässt sich eine Grasböschung hinunterkugeln.
Ein Grundstück in Hanglage ist dafür natürlich ideal. Auch mit dem Bobbycar oder anderen Untersätzen kann man dann bergab fahren oder schlittern. Absolute Spitze ist eine Wasserpumpe, die dafür sorgt, dass dem in Windungen und kleinen Wasserfällen den Hang herabrauschenden »Gebirgsbach« nicht der Nachschub fehlt. Aber auch ohne natürliches Gefälle ist ein munteres Auf und Ab machbar, wenn Sie bei der Gartenplanung eine Modellierung des Geländes vorgesehen haben. Auf einem Neubaugrundstück sind Erdarbeiten mit einem Schaufelbagger gut machbar. Sie können z. B. mit ca. 15 m^3 Aushubmaterial schon einen ganz passablen Hügel aufschütten lassen. Wenn Humus beigemischt wird, kann man die Böschung auch bepflanzen, so dass die Erde durch Wurzeln den nötigen Halt bekommt. Später, wenn die Kinder größer sind, terrassiert man das Gelände und wandelt es zum Kräutergarten oder Steinbeet um.

Geschickte Akrobaten

Ein liegender Baumstamm beschäftigt Kinder auf vielerlei Weise. Man kann darauf balancieren, reiten und herunterspringen. Und wenn er bunt angemalt und krumm gewachsen ist, geht er auch als Riesenschlange oder Krokodil durch. Fragen Sie im Sägewerk oder Forstamt nach. Robinienholz ist sehr beständig und daher besonders empfehlenswert. Der Baum darf auf keinen Fall morsch sein. Entfernen Sie dünne und spitze Äste und runden Sie die Kanten der Sägestelle

Von wegen Hindernis: Ein liegender Baumstamm macht geduldig alles mit. Ob als Turnreck oder Balancierstange, so manche Zirkusnummer wurde darauf schon geprobt. Damit das Ganze nicht ins Rollen gerät, ist eine sichere Verankerung im Boden wichtig.

ab. Achten Sie darauf, dass der Stamm fest auf dem Boden aufliegt. Zwei angeschraubte, verzinkte Flacheisen auf der Unterseite und ein Betonfundament geben zusätzlich Sicherheit. Auch ein glatt geschliffenes Kantholz als Balancierbalken aus dem Baumarkt fordert die Geschicklichkeit der Kinder heraus. Es ist nicht nur zum Turnen praktisch, sondern auch als Sitzbank, und wird auf dieselbe Weise verankert wie der Baumstamm. Eine Lage Rindenmulch ringsherum sorgt im Fall des Falles für weiche Landung. Zirkusreif ist es, das Gleichgewicht mit einem kurzen Brett zu trainieren, das über ein Rundholz gelegt wird.

Tarzan lässt grüßen

Das Nonplusultra zum Klettern ist ein starker Baum mit dicken Seitenästen und einer ausladenden Krone. Eine Strickleiter erleichtert den Aufstieg. Dünne Seile sollten grundsätzlich an zwei Enden befestigt sein, also am Ast und am Boden oder an zwei Ästen. Lassen Sie sie wegen möglicher Stranguliergefahr niemals einfach vom Baum herabhängen. Ab etwa 3–4 cm Dicke ist es gefahrlos. So ein Urwald-Tau darf ruhig frei vom Baum herabhängen. Mit einem Knoten am Ende wird es zur Komfort-Liane.

Sicher ist sicher

Kaufen Sie nur sicherheitsgeprüfte Seile, Strickleitern oder Kletternetze und beachten Sie die Empfehlungen zur Belastbarkeit. Für den Außenbereich sind Kunststoffseile ratsam. Geprüfte Kletternetze, Strickleitern und Schaukelketten entsprechen den DIN-Normen für Sicherheit (→ Seite 24/25). Denn schließlich sollen Kinderhände die Sprossen richtig greifen können. Es sollten keine Finger gequetscht und keine Zehen festgeklemmt werden. Vor allem darf sich das Seil nicht am Hals zuziehen. Schöne Strickleitern und Kletternetze erhält man auch bei Seilereien (→ Seite 139). Sie sind dann für den vorhandenen Platz maßgeschneidert.

Wenn Sie einen Kletterbaum aufstellen oder ein Klettergerüst bauen wollen, sollten Sie Hartholz, z. B. Robinie, verwenden. Jedes Holz, das in den Boden kommt, verrottet irgendwann, aber weiches Holz wie Fichte etwas schneller. Für die richtige Verankerung lassen Sie sich im Baumarkt beraten. Fertige Bausätze haben oft extra haltbare Metallfüße und sind TÜV-geprüft. Wenn sie sich an die Bauanleitung halten, sind Sie damit in jedem Fall auf der sicheren Seite.

Parcours für Klettermaxen

Klettern und kraxeln ist für Kinder das Höchste. Mit ein paar variablen Brettern, Leitern und Holzböcken können Sie einen Spielplatz bauen, der niemals fertig wird. Geschicklichkeit und Gleichgewichtssinn sind gefragt, wenn es mal wieder drunter und drüber geht.

In ihrer eigenen Welt sind Kinder heute König und Prinzessin auf der Burg, morgen Piraten auf dem weiten Meer, an einem anderen Tag eine bunte Zirkustruppe mit Tiger und Akrobaten. Wer braucht dafür schon richtige Tiere oder ein Schiff? Wenn die Fantasie übersprudelt, entstehen im Garten die tollsten Dinge, und der Rasen wird zum fliegenden Teppich, der die Abenteurer in ferne Länder versetzt. Gerade das Unvollkommene fordert Kinder heraus. Sie spielen stundenlang und machen ganz nebenbei eine Menge wichtiger Erfahrungen. Mit dem selber gebauten Klettergerüst wächst die Verantwortung. Beim Klettern und Balancieren erwerben Kinder wichtige motorische Fähigkeiten. Das gibt ihnen Sicherheit und Selbstvertrauen.

SO KOMMT BEWEGUNG INS SPIEL

MATERIAL FÜR KLETTERGERÜSTE:

- Alles, was Beine hat, wie Stühle, Holzböcke, Leitern etc.
- Kissen zum Auspolstern
- Stoffreste, z. B. als Segel
- Seile zum Anleinen
- Steckenpferd

MATERIAL UND WERKZEUG FÜR DIE BRETTER:

- glatte, geschliffene Holzbretter in ca. 25 cm Breite
- Holzbohrer
- versenkbare Schrauben
- Säge (Fuchsschwanz)
- Schraubenzieher
- Leim
- evtl. Leinöl zur Behandlung

Drunter & drüber

Eine kleine Kletterwelt ist im Haus oder draußen auf dem Rasen in null Komma nichts aufgebaut. Alle Elemente sind mobil und leicht zu transportieren. Die Grundausstattung besteht aus Brettern, Malerböcken und Stellleitern aus Holz in verschiedenen Größen. Vielleicht können Sie eigene Utensilien dafür zweckentfremden, sonst kann man sich im Baumarkt oder Malereigroßhandel eine kleine Ausstattung zulegen. Besorgen Sie sich dazu etwa 20–30 cm breite geleimte, glatt geschliffene Holzbretter. Behandeln Sie die Bretter und Leitern, wenn es nötig ist, mit Leinöl. Befestigen Sie auf der Unterseite mit Leim und Schrauben an jedem Ende einen ca. 3 cm dicken Holzsteg. Dadurch kann das Brett nicht verrutschen, wenn man es in die Sprossen einhängt oder über den Tischbock legt.

Wechselnde Kulissen

Ein waagerecht eingehängtes Brett wird zur Balancierstange, ein schräg angelegtes Brett zur Rutsche. Mit mehreren Stegen drauf nutzt man es als Hühnerleiter. Mehrere mit Brettern verbundene Leitern hintereinander dienen als Staffage für eine Raubtiernummer aus dem Zirkus. Auch die Böcke sind vielseitig verwendbar. Mit einem Kissen als Sattel, Seilen als Halfter und Steigbügel wird ein Esel oder Rennpferd daraus. Vielleicht treibt man auf einem Flohmarkt sogar ein Steckenpferd auf, dann hat man das passende Vorderteil. Das Baumaterial bietet unbegrenzte Möglichkeiten. Züge, Feuerwehrautos und Pferdekutschen nehmen nach und nach Gestalt an. Tücher dienen als Segel für Piratenschiffe, Wände oder, auf dem Boden ausgebreitet, als Meer.

Das kann ich selber

Eine Kletterbaustelle eignet sich für Kinder ab 3 oder 4 Jahren. Am Anfang sollten die Eltern sie beobachten und begleiten. Zeigen Sie, wie man Leitern stabil aufstellt und Bretter richtig einhängt, so dass sie nicht rutschen. Greifen Sie aber nicht ständig ein, um zu helfen. Nur so lernen Kinder, Schwierigkeiten selbst zu meistern, und können sich stark fühlen.

1

Ross und Reiter
Auf dem Rücken der Pferde liegt das Glück der Erde. Wen stört´s da, wenn der Hengst manchmal etwas bockig ist und seine Mähne nicht im Wind fliegt. Old Shatterhand reicht auch ein Steckenpferd für den Ausritt zum Silbersee.

2

Rutschfeste Stopper
Präparieren Sie glatte Holzbretter auf der Rückseite am besten mit einem Holzsteg an jedem Ende. So können Sie nicht verrutschen, wenn man sie in eine Leiter einhängt oder über zwei Tischböcke legt. Dazu klebt man den Steg mit Holzleim etwa 10 cm vor dem Ende des Brettes auf und befestigt ihn dann zusätzlich noch mit 2 Holzschrauben. Die Schrauben müssen die passende Länge haben, damit sie nicht auf der anderen Seite herausschauen.

3

Oh, wie schön ist Panama!
Mit der passenden Verkleidung als Tiger und Bär den Dschungel durchstreifen oder über wilde Schluchten klettern – die kleinen Abenteurer brauchen nicht mehr als ein paar Bretter, Leitern und Tischböcke, um sich in eine andere Welt zu versetzen. Auch für die Raubtiernummer im Zirkus kann man so schon mal proben.

4

Auf der schiefen Bahn
Kindern kann es nicht oft genug bergab gehen. Mit einem in die Leiter eingehängten Brett kommt man leicht in Schräglage, und dann geht´s juchzend talwärts. Achten Sie darauf, dass beim vergnüglichen Rutschen keine scharfen Kanten oder Schrauben in die Quere kommen.

1 Verankern
Mit 12 mm starken Gewindestangen werden zwei 10 x 10 cm dicke Hauptlastbalken mit vier kräftigen Seitenästen fest verschraubt. Auf die Gewinde legt man eine Unterlegscheibe und schraubt eine Mutter und eine Kappe darauf. Nun werden auf den Hauptlastbalken alle 50 cm 4 cm dicke und 14 cm hohe Querbalken hochkant verlegt.

2 Plattform bauen
Dann werden die Bodendielen (Nut- und Federbretter) mit den Querbalken verschraubt und die Zapfen an den Geländer-Stützpfosten durch die Dielen versenkt und ebenfalls mit den Querbalken verschraubt.

3 Wände errichten
Für die Wandkonstruktion werden vier Eckbalken mit den Querbalken verbunden. Sie können genauso verzapft und verschraubt werden wie das Geländer.

4 Dach decken
Die Grundlage für das Dach bildet eine Sparrenkonstruktion im Winkel von ca. 45 Grad, die auf die Wände geschraubt wird. Darüber kann man leichte Holzschindeln oder Sperrholzlatten decken und diese mit Dachpappe vor Regen schützen.

BÄUMCHEN, WECHSLE DICH

ZEITBEDARF:
- je nach Größe 2–4 Tage

MATERIAL (NACH BEDARF):
- Kanthölzer von 4–12 cm Stärke als Last- und Querbalken
- Nut- und Federbretter als Bodendielen, z.B. aus Lärchenholz
- Dachlatten, -pappe, Holzschindeln
- rostfreie Schrauben, Muttern
- Seile und Netze, (Strick-)Leiter, Mulch

WERKZEUG:
- Akkuschrauber, Bohrmaschine, Hammer, Winkelmesser, Zollstock, Sägen

5 Trautes Heim
Hoch oben im Geäst, unter einem schützenden Dach, lässt es sich gut zusammenhocken und Pläne schmieden oder mal alleine sein, träumen, lesen und dem Vogelgezwitscher lauschen. Hinauf und hinunter gelangt man über eine Strickleiter, die man auch einziehen kann, wenn Gefahr in Verzug ist, z.B. in Form von drohenden Hausaufgaben .

Ein Luftschloss zum Träumen

Ein richtiges Haus im Wipfel einer Baumkrone wünschen sich viele kleine Gartenbewohner. Auch manche Eltern sind begeistert und erfüllen sich einen Kindheitstraum damit. Etwas handwerkliches Geschick und ein gesunder, starker Baum sind Voraussetzung für das luftige Domizil.

Baumhäuser gibt es nicht von der Stange. Jeder Baum ist anders, und die Handwerkskünste der Erbauer ebenfalls. Wichtig ist in jedem Fall, dass die Statik stimmt. Die Ausführung richtet sich dann nach den entsprechenden Gegebenheiten vor Ort.

Das Fundament

Der Baum bildet das Fundament des Hauses. Er sollte einen Stammdurchmesser von 40–50 cm und eine gedrungene Form haben. Optimal sind rundum angeordnete Äste von mindestens 15 cm Stärke. Hainbuche, Eiche, Linde oder Ahorn sind stabile Baumhaus-Träger. Walnuss, Pappel oder Nadelgehölze kommen nicht in Frage, denn ihr Holz ist brüchig. Der Baum muss gesund sein und darf keine Bruchstellen aufweisen. Im Zweifel hilft Ihnen ein Baumpfleger mit fachmännischem Rat weiter. Wenn ein Baum die richtigen Maße hat, passt man den Grundriss für das Baumhaus der Form der Krone an. Ist es nicht möglich, die Plattform des Hauses in einen Baum zu integrieren, kommen auch zwei oder mehrere dicht beieinander stehende Bäume als Träger in Frage. Oder Sie errichten das luftige Heim gleich auf einbetonierten Stützpfosten. Dann ist die ganze Statik vom Baum unabhängig.

Sicher verankern

Bäume schwanken im Wind, und das Baumhaus mit ihnen. Eine stabile Verankerung ist daher das A & O. Wenn man zwei nahe beieinander stehende Bäume als Träger nutzt, verschraubt man zuerst die zwei Hauptlastbalken mit den Ästen. Darauf werden als solides Grundgerüst anschließend die Querbalken hochkant verlegt.(→ Abb. 1). Keine Sorge: Beim Bohren werden die Versorgungsbahnen unter der Rinde nur geringfügig verletzt. Das Kernholz ist sogar völlig unempfindlich. Verwenden Sie nur Schrauben und niemals Nägel, denn diese lockern sich bei Bewegung und unter Zuglast.
Liegen die tragfähigen Äste nicht in optimaler Höhe, kann man die Plattform auch mit verstellbaren Stahlseilen an höheren Ästen aufhängen. Eine Gummimanschette darunter schützt die Rinde vor dem Durchscheuern. Lockern Sie einschnürende Seile hin und wieder, denn der Astumfang nimmt jährlich zu.

Das Häusle bauen

Auf den hochkant verlegten Querbalken kann man nun die Bodendielen verschrauben (→ Abb. 2). Ein Geländer sorgt für die nötige Sicherheit. Daran kann ein Netz (Segelzubehör, Seilfachhandel) befestigt werden oder Holzlatten mit mindestens 90 cm Höhe. Die Maschen oder Gitterabstände dürfen nicht größer als 8 cm sein, damit kein Fuß oder Kinderkopf darin stecken bleiben kann.
Die seitlichen Wände bilden einen Rahmen aus miteinander verschraubten Balken (→ Abb. 3). Damit der Baum unter der Last nicht zu sehr ächzt, verwenden Sie leichtes Material, z. B. Nut- und Federbretter oder Plexiglas. Das Dach (→ Abb. 4) besteht aus Dachsparren, auf die man dünne Bretter, Holzschindeln oder farbige Dachpappe nagelt. Bauen Sie das Dach mit deutlicher Neigung, damit das Regenwasser abfließen kann und der Schnee nicht darauf lastet.

Auf & Ab

Ein sicherer Aufstieg ist eine am Boden befestigte, schräg gestellte Leiter oder eine gespannte Strickleiter, die oben und unten fest verankert ist. Eine frei hängende Strickleiter ist für kleine Kinder nicht zu empfehlen. Als Fallschutz empfiehlt sich eine 30 cm dicke Schicht aus Rindenmulch unter der gesamten Fläche.
Das Haus ist nicht für die Ewigkeit gebaut! Überprüfen Sie regelmäßig die Stabilität und entfernen Sie, falls nötig, rutschigen Algenbelag.

Auf Wolke sieben

Welch wunderbar leichtes Gefühl ist es doch, durch die Lüfte zu schweben. Eine Schaukel darf in keinem Familiengarten fehlen, das werden selbst größere Kinder zugeben. Das schwungvolle Vergnügen muss zwar gut abgesichert sein, aber dann werden Sie das Kind schon schaukeln!

Die Schwerkraft zu überlisten und die Welt zur Abwechslung mal von oben zu sehen, löst ganz verschiedene Gefühle aus: Mit Kribbeln im Magen beweist man Mut und Geschicklichkeit. Auf dem Flug zwischen Himmel und Erde halten sich Angst und Wohlgefühl die Waage. Wie schön und aufregend zugleich, die Kontrolle und den festen Halt am Boden für einen kurzen Augenblick zu verlieren. Je höher der Aufhängungspunkt einer Schaukel, desto länger ist der Schaukelweg. Es braucht schon eine gewisse Anlaufzeit, bis die Schaukel so richtig in Schwung kommt. Was für ein tolles Gefühl der Unabhängigkeit, wenn man das endlich aus eigener Kraft kann!

Altersgerechte Schaukeln sind nicht das Problem. Nur kommt oft keiner zum Anschubsen.

Mit Schwung dabei

In der Regel fertigt man Schaukelbretter mit zwei Seilen, die an einem Gerüst mit stabilen Haken befestigt werden. Man kann sie aber auch einfach an zwei Seilen in den Baum hängen. Fertiggerüste gibt es in jedem Baumarkt, wobei Sie auf TÜV-Plakette und Qualitätssiegel achten sollten. Es gibt einfache Varianten aus bunt lackiertem Eisengestänge und Ausführungen mit massiven Rundhölzern. Bei ausreichend Platz sollten Sie ein großes Gerüst wählen, an dem zwei Schaukeln Platz haben, was Streitereien unter mehreren Kindern von vornherein verhindert.

Gängige Schaukelmodelle bestehen aus höhenverstellbaren Ketten oder Kunststoffseilen und einem einfachen Sitzbrett. Leichte Kunststoffbretter vermeiden im Fall eines Falles Beulen am Kopf. Kleinen Artisten werden variable Modelle gefallen, bei denen man das Sitzbrett gegen ein Trapez und Turnringe austauschen kann. Nun muss man nur noch die Seile kürzen, und schon fühlt man sich wie unter der Zirkuskuppel.

Einen großen ausrangierten Autoreifen können Sie ebenfalls zur Schaukel umfunktionieren. Man kann ihn wie an einer Kette längs aufhängen, indem man das Schaukelseil durch die Öffnung führt (→ Abb. rechts) oder auch in Tellerform waagerecht. Bei der zweiten Variante führen Sie vier Ketten zusammen und hängen Sie sie an einem am Gerüst befestigten Kugelgelenk auf. So kann die Schaukel von mehreren Kindern gleichzeitig genutzt werden und schwingt nicht nur in zwei Richtungen, sondern dreht sich auch um die eigene Achse.

Nicht billig, aber ein echtes Erlebnis sind zerschnittene Pneus, die zu Schaukelpferden oder Drachenfiguren zusammengesetzt werden. Auch Seile mit Knoten, in der Komfortvariante sogar mit Sitzteller, bieten Schaukelspaß. Bequemer sind aber so genannte Vogelnestschaukeln, die auch gern von mehreren Kindern genutzt und von älteren mit Vorliebe zum Krimi-Schmökern belegt werden. Wem das alles noch nicht gefällt, kann sich eine Schaukel auch selber knüpfen (→ Seite 112/113).

Für die ganz Kleinen gibt es Modelle mit verschließbaren Sicherheitssitzen, die ein Durchrutschen unter dem Haltebügel verhindern. In einem gefederten Hängestuhl kann man sich sanft wiegen lassen. Man hängt ihn mit Karabinerhaken am Baum auf.

Wer sagt denn, dass Schaukeln ein Solo-Vergnügen bleiben muss? Auf einem ausgedienten Autoreifen ist der Schaukelspaß auch im Doppelpack möglich. Bei dieser Art »Arbeitsteilung« kommt man bestimmt sogar besser in Schwung.

Sicherheit geht vor

Damit Sie sorglos bleiben, wenn Ihre Kleinen abheben, sollten Sie immer einen Sicherheitsabstand von vier Metern rund um ein Schaukelgerüst einrechnen. Hausmauern, Zäune, Pfosten oder große Steine dürfen nicht im Weg liegen. Trittsteine am Boden sind ebenfalls nicht ratsam. Im Gegenteil: Unter jede Schaukel gehört grundsätzlich ein Fallschutz. Empfehlenswert sind eine spezielle Fallschutzmatte (im Baumarkt erhältlich) oder eine mindestens 20 cm dicke Sandschicht. Auch Rindenmulch, Holzhäcksel oder 2–8 mm feiner Rundkies ermöglichen eine weiche Landung.

Bahn frei

Unsanfte Begegnungen mit einem schwingenden Schaukelbrett sollte man vermeiden, wo es geht. Gerade kleine Kinder können den Radius einer Schaukel und die Geschwindigkeit noch nicht richtig einschätzen. Hilfreich ist es meist schon, den Schaukelplatz durch eine Hecke oder einen Flechtzaun mit seitlichem Eingang abzugrenzen. Um das Schaukel-Separee in ein Duft-Dorado zu verwandeln, kann man ringsum Duftpflanzen setzen (→ Seite 68/69), deren Aroma man im Flug wahrnimmt.

Gut aufgehängt

Es muss nicht immer ein spezielles Schaukelgerüst sein. Auch ein Baum, ein Scheunentor, ein Balkonfundament oder eine Teppichstange eignen sich zur Befestigung von Schaukeln.

➤ Äste dürfen natürlich nicht morsch sein und müssen das Gewicht aushalten. Machen Sie als Erwachsener die Probe. Damit das Seil die Rinde nicht beschädigt, wird sie durch eine Gummimanschette geschützt. Dann werden zwei Seile mit Ringen um den Ast geschlungen, in die man 6–8 mm starke Karabiner einhängt.

➤ Um T-Träger sollten Sie kein Seil winden. Das Eisen hat scharfe Kanten und würde das Seil durchscheuern. Hier verbindet am besten ein verzinktes Metallband aus dem Baumarkt den Haken mit dem Träger.

➤ Unter Balkonen sollten Sie auf einen Mindestabstand von ca. 1,50 m zur Hauswand achten. Die Schaukelbahn sollte dabei immer parallel zum Haus verlaufen.

Schaukelhaken müssen wie bei einem Karabinerhaken ganz geschlossen werden können oder schneckenförmig gebogen sein, so dass die Kette auch bei extremem Schwung nicht herausspringen kann.

1

Einfaches Handling
Alles, was man zum »Stricken« braucht, sind die eigenen Hände. Rechtshänder halten die Maschen an den fünf Fingern der linken Hand, Linkshänder an den Fingern der rechten Hand.

Wie am Schnürchen
Das Bandende liegt zwischen Zeige- und Mittelfinger. Mit der freien Hand schlingt man das Band von hinten um den Zeigefinger, führt es vorn um den Mittelfinger herum, schlingt weiter um alle übrigen Finger und dann schräg rüber zum Daumen.

2

3

Zuwachs mit jeder Runde
Nun ist man wieder am Zeigefinger angelangt, schlingt eine neue Masche darum und zieht die untere darüber. So geht es Masche für Masche und Runde für Runde, bis aus dem Bänderknäuel allmählich ein Strickschlauch heranwächst.

4

Stricklieseln unter sich
In den folgenden Tagen gibt es nur noch eines: stricken, stricken, stricken. Wenn der Strickschlauch lang genug für die Schaukel ist, nimmt man die Maschen von den Fingern und zieht das Bandende durch, damit nichts aufribbeln kann.

Let's swing
Herrlich weich und nachgiebig ist die selbst gestrickte Schaukel. An einem Stahlseil zwischen zwei Bäumen befestigt, schwingt die Aufhängung mit, und man wippt und schaukelt gleichzeitig.

5

Eine Masche, die Schwung bringt

Mit dieser tollen Masche entsteht aus einfachen Baumwollbändern eine selbst gestrickte, weiche Schaukel, an der sich kein Kinderkopf stoßen kann. Und das Beste daran ist: Die Herstellung ist kinderleicht und macht auch noch großen Spaß.

Viele Kinder kennen die Strickliesel, einen »Holzpilz«, mit dem man aus einem Wollfaden dicke Kordeln wirkt. Für die Strickschaukel wurde diese Idee einfach in größere Maßstäbe umgesetzt. Statt Wollfäden nimmt man dicke Baumwollbänder, statt der Strickliesel bedient man sich der eigenen fünf Finger. Das Prinzip ist einfach und läuft so gut von der Hand, dass man in kurzer Zeit lange Baumwoll-Lianen produziert.

Für eine 4 m lange Strickschaukel braucht man ca. 80 m lange Bänder aus Baumwolle oder Kunststoff. Die 2–4 cm breiten Streifen aus Stoffresten werden eigentlich zum Teppichweben verwendet und sind unter der Bezeichnung »Bändelware« in Knäueln erhältlich. Fündig wird man in Stofffabriken oder im Teppichgroßhandel (Adresse → Seite 139).

Masche für Masche

Rechtshänder legen zu Beginn das Band zwischen Zeige- und Mittelfinger der linken Hand. Das Ende weist in die Handinnenfläche. Dann wird es um den Zeigefinger gewickelt, innen am Mittelfinger vorbeigeführt und um den Mittelfinger geschlungen, dann auf dieselbe Weise um den Ringfinger, den kleinen Finger und schließlich den Daumen gewickelt.

Wieder am Zeigefinger angelangt, beginnt man mit dem »Stricken«. Man führt das Band wie zuvor um den Zeigefinger und hebt die untere Schlaufe mit den Fingern darüber – so wie eine Strickmasche. Mit dem Fadenende zieht man die Masche fest.

So verfährt man reihum, Runde für Runde. An jedem Finger wird die alte Schlaufe über die neue und über den Finger gezogen, bis aus dem Handteller Stück für Stück ein reißfester Schlauch herauswächst.

Wenn der Schlauch lang genug ist, wird das Stoffband abgeschnitten. Man nimmt die Maschen vorsichtig von den Fingern und zieht das Bandende durch sie hindurch. So kann sich nichts wieder auflösen. Dann knotet man sowohl Anfang als auch Ende des Schlauchs zu einer Schlaufe und befestigt je einen Karabinerhaken daran. Man kann natürlich auch mal während des Strickens eine Pause einlegen. Dazu steckt man einfach ein Stöckchen durch die Maschen und nimmt sie hinterher wieder auf.

Alles schwingt

Die Strickschaukel hängt man mit den Karabinerhaken an einem Schaukelgerüst auf. Damit sie nicht hin- und her rutschen, arretiert man sie mit Stahlseilklemmen. Das Stahlseil gibt beim Schaukeln etwas nach. Das ist durchaus gewollt und garantiert ein ganz neues Schaukelgefühl, bei dem man nicht nur hin- und herschwingt, sondern auch etwas auf und ab wippt. Verstärkt wird das Erlebnis noch, wenn zwei nebeneinander hängende Schaukeln gleichzeitig »in Betrieb« sind. Strickt man den Schlauch etwas breiter (→ Kasten), kann man sich auch wie in einer Hängematte wiegen.

PRAXISINFO

Doppelt gemoppelt

Für eine breitere Sitzfläche oder eine Hängematte kann man den Schlauch auch seitlich erweitern.

- Dazu schneidet man den Schlauch nicht wie gewohnt am Ende ab, sondern schlägt ihn zu einer Schlinge um.
- Nun knüpft man wie gewohnt weiter, nimmt aber mit dem Daumen noch zusätzlich eine Masche des schon vorhandenen Schlauches auf.
- Die doppelte Masche wird dann wie gewohnt über die neue Schlaufe gezogen usw. Auf diese Weise kann man auch mehrere Schläuche aneinander reihen.

Nachts an der Feuerstelle

Wer kann der Faszination eines nächtlichen Lagerfeuers unter funkelndem Sternenzelt schon widerstehen? Wenn das Feuer knistert und knackt und die Funken stieben, rücken alle näher zusammen und wärmen sich im flackernden Licht der Flammen.

In dunkler Nacht um ein Feuer zu sitzen, erfüllt seit Urzeiten das Bedürfnis der Menschen nach Wärme und Geborgenheit.
Feuer ist eines der vier Naturelemente. Es steht für Licht, Wärme und Energie. Es löst starke Gefühle aus, kann uns begeistern und »entflammen«. Feuerrituale gibt es zu verschiedenen Anlässen wie Ostern, Silvester, Sonnenwende oder in der Walpurgisnacht. Sie sind stets Ausdruck für Erneuerung und Abwehr des Bösen. Eine Gitarre, ein paar Lieder, und schon kommt diese besondere Stimmung auf, ein Gefühl des Zusammenhalts und der Nähe. Schön ist es auch, sich Märchen oder Räubergeschichten im Schein des Feuers zu erzählen. Mit glühenden Backen sitzen die kleinen Zuhörer da, und beim versunkenen Blick in die Glut erscheinen dann vielleicht schemenhaft die Umrisse von Schlössern, Türmen, allerlei Riesen und Ungeheuern.

Feuer und Flamme

Schon in alten Kulturen wurde das Feuer verehrt, aber auch gefürchtet. Seine zerstörerische Kraft lernt man kennen, wenn man sich zum ersten Mal die Finger verbrennt. Machen Sie Ihre Kinder mit dem Feuer vertraut. Sie sollen Respekt davor entwickeln, aber keine Angst bekommen. Halten Sie sie nicht aus übertriebener Fürsorge vom Feuer fern. Es ist sehr wichtig, dass sie mit Ihrer Hilfe einen verantwortungsvollen Umgang mit offenem Feuer lernen, damit sie in gefahrvollen Situationen wissen, wie sie sich richtig verhalten, ohne in Panik zu geraten. Es ist spannend zu wissen, wie man Feuer entfacht, es kontrolliert und wieder löscht.
Kinder lernen diesen Umgang spielerisch. Sie wollen mit Stöcken stochern, zündeln und schauen, wie die Funken sprühen. Erklären Sie ihnen, dass die Stecken dafür möglichst lang sein sollten und ausreichend Abstand zum Feuer gehalten werden muss. Es dürfen auch keine leicht brennbaren Dinge daneben liegen. Sicherheit gibt ein großer Behälter mit Wasser oder Sand, der immer griffbereit steht. Wenn das Feuer heruntergebrannt und die Glut erloschen ist, sollte man den Brandherd vollständig damit löschen. Die erkaltete Holzasche kann man gut als Dünger z. B. unter die Himbeeren verteilen.

Ein prasselndes Feuer in der Dämmerung zieht Klein und Groß in den Bann. Wer die Möglichkeit hat, sollte im Garten eine Feuerstelle einrichten.

Ein guter Platz

Wählen Sie für die Feuerstelle eine windgeschützte Stelle in sicherer Entfernung zum Haus und zum nächsten Baum. Am besten ist eine Stelle auf einer freien Rasenfläche. Heben Sie eine Fläche von ca. einem Meter Durchmesser etwa 20 cm tief aus. Mit Steinen wird die Grube ringsherum eingefasst. Auf der Terrasse oder in einem kleinen Reihenhausgarten kann man auch einen hohen Feuerkorb aus Eisen verwenden. Damit wird das Feuer ebenfalls ausreichend in Schach gehalten. Achten Sie auch darauf, nur trockenes Holz zu verwenden, Sie wollen die Nachbarn ja schließlich nicht einräuchern. Feuchtes Holz entwickelt nämlich viel Rauch und Qualm. Um Holz zu lagern, nutzen Sie die Garage oder ein Vordach oder zimmern Sie aus Rundhölzern, Brettern und Dachpappe einen schmalen Unterstand dafür. Buche oder Eiche brauchen nach dem Fällen immerhin ein ganzes Jahr zum Trocknen und müssen solange gelagert werden.

Zunder geben

Zum Anzünden werden dürres Reisig und Papier in die Mitte geschichtet, darüber türmt man eine Pyramide zuerst mit dünnen, dann mit dicken Holzscheiten. Heute kann jederzeit ein Feuer mit Feuerzeug oder Streichhölzern entfacht werden. In früheren Zeiten war das sehr mühsam. Das Feuer wurde gehütet wie ein Schatz. Wer es mal versuchen möchte, kann durch heftiges Aneinanderreiben von Holz, Metall oder Feuersteinen Funken bilden. Mit Magnesiumsteinen (erhältlich im Outdoor-Fachhandel) ist das gar nicht so schwer. Der Funke wird in ein Häufchen trockene Holzspäne geschlagen, das man daneben errichtet. Wenn die Späne Feuer gefangen haben, heißt es: »Gib ihm Zunder!«, damit das Flämmchen groß und größer wird. Ein bisschen Geduld muss man am Anfang schon aufbringen, aber wenn der Funke mal überspringt, kann man mächtig stolz sein.

Es muss nicht immer Bratwurst sein. Wie wärs mal mit knusprigem Brot vom Haselstock?

Stockbrot backen

Zündeln macht hungrig, und was zu essen kommt immer gut an! Beim Stockbrotbacken lässt sich beides verbinden, und das ist natürlich ideal. Man rührt einen Teig aus 500 g Mehl, 1/8 Liter Wasser, 20 g Hefe, 1 TL zerstoßenem Rosmarin und 1 TL Salz und lässt ihn gehen. Die Spieße werden aus grünen, mindestens 1 m langen Holzstecken geschnitzt. Daran schält man die Rinde auf ca. 20 cm ab, spitzt den Stock an, rollt eine Handvoll Teig aus und wickelt sie um die Spitze. Nun hält man den Stecken über die Glut, wartet ca. 15 Minuten und lässt möglichst nichts anbrennen. Junge Kartoffeln, in Alufolie gewickelt und in der Glut gebacken, schmecken ebenfalls köstlich (→ Seite 61).

Qualm und Rauch

Räuchern ist ein altes Ritual in der Heilkunde und bei religiösen Festen. Wenn man Zweige von Rosmarin, Lavendel oder Currykraut auf die Glut wirft, steigen durch die enthaltenen Harze feine Räucherdüfte auf, denen eine belebende und reinigende Wirkung nachgesagt wird, so wie beim Weihrauch in der Kirche. Mit Thymianzweigen kann man sogar Stechmücken vertreiben. Noch heute wird von Indianern mit Salbeistängeln geräuchert. Dazu bindet man etwa 5 frische Salbeizweige zu einer Art Fackel zusammen und zündet sie an, bis sie schön kokeln und Rauch entwickeln. Das wirkt desinfizierend und hilft gegen Insekten. Mit dem im Lauf des Jahres anfallenden Kräuterschnitt kann man sich einen kleinen Räuchervorrat anlegen.

Der Garten bei Nacht

Nachts offenbart der Garten ein anderes, eigenes Leben, mit fremden Geräuschen und bedrohlichen Schatten. In einer lauen Sommernacht die Nacht im Schlafsack draußen zu verbringen, ist für Kinder ein besonderes Erlebnis. Nachtaktive Tiere begeben sich nun auf Beutezug. Fledermäuse huschen umher. Mäuse rascheln im Laub, die leuchtenden Augen von Nachbars Katze erkennt man zuerst gar nicht wieder. Grillen zirpen, und leuchtende Glühwürmchenpaare bitten sich gegenseitig zum Tanz. Manche Pflanzen wie Jasmin oder die Mondviole verströmen nur nachts ihr unnachahmliches Aroma, um Nachtfalter anzulocken. Die Nachtkerze öffnet erst mit Beginn der Dämmerung ihre leuchtend gelben Blüten (→ Seite 67). Tagsüber dagegen nimmt man sie oft gar nicht wahr.

Einfach mal abhängen

Nichts tun, sich in der Hängematte räkeln, am Feierabend die Seele baumeln lassen, sonnenbaden oder stundenlang schmökern – in einem pflegeleichten Garten mit Platz für Hängematte und Liegestuhl ist die hohe Kunst des »Dolcefarniente« leicht zu erlernen.

Der Alltag ist oft hektisch und voller Termine. Schon Kinder sind oft von früh bis spät verplant. Nichtstun dagegen ist heutzutage der reinste Luxus. Freiräume mit Zeit zum Abschalten und Durchatmen gibt es viel zu selten. Dabei ist Faulsein eine wunderbare Energiequelle und gilt als Geheimtipp für Leistung und Erfolg! Im Müßiggang besinnt man sich nämlich wieder aufs Wesentliche, lädt die leeren Akkus auf und setzt kreative Energien frei.

Die zwei sind sich anscheinend einig: Der schönste Platz zum Ausruhen ist die Hängematte.

Gärten sind ideale Zeitinseln zum Abschalten. Denken Sie nicht daran, dass die Hecke noch geschnitten und der Rasen gemäht werden muss. Nehmen Sie sich ein wenig Zeit für sich und genießen Sie die Ruhe vor dem nächsten Sturm.

Zur Ruhe kommen

Nutzen Sie Ihren Garten als Ruhe-Oase, indem Sie den Sitzplatz, die Gartenbank oder den Liegestuhl an besonders angenehmen Orten unter einem Baum, neben dem Rosenbusch oder am Rand eines Teiches platzieren (→ Seite 28/29). Im Halbschatten oder durch ein Sonnensegel geschützt, legt man die Beine hoch und schaltet ab. Sträucher oder ein beranktes Spalier schirmen einen wohltuend ab vom Rest der Welt. Vielleicht stellt man sich noch einen kleinen Tisch mit einem erfrischenden Getränk dazu. Düfte und warme Töne tragen zur Entspannung bei. Sanftes Wiegen wie im Schaukelstuhl oder in einer Hängematte verstärkt den Effekt. Windspiele, die einen leisen Klang erzeugen, helfen, die Gedanken zur Ruhe zu bringen. Plätscherndes Wasser in einem kleinen Wasserlauf wirkt ebenfalls beruhigend. Wie gut tun eine sanfte Brise auf der Haut und der Gesang der Vögel. Auch das Auge sucht Entspannung. Es findet sie im leichten Kräuseln des Wassers auf dem Teich oder im Anblick einer Katze, die sich genüsslich zusammenrollt, um ein Nickerchen zu halten.

Ach, da bist du!

Kinder im Lesealter wollen auch mal ihre Ruhe haben. Eine Kinderecke mit Korbstühlen wird von kleinen Leseratten gerne angenommen. Mit einem Dach über dem Kopf fühlt man sich gleich geborgener. Das kann ein Blätterdach sein (→ Seite 74–77) oder ein Sonnenschirm. Hauptsache, man kann sich darunter den Blicken der anderen für einige Zeit entziehen. Vielleicht gibt es auch einen alten Strandkorb, in dem es sich vom weiten Meer träumen lässt.
Das Wichtigste ist in jedem Fall, dass man ein kleines Refugium für sich alleine hat, und zwar möglichst weit weg von den »Großen«. Ob das nun ein simpler Pappkarton oder ein Baumhaus (→ Seite 108/109) ist, ist dabei ganz egal. Solange man in eine andere Welt abtauchen und in Ruhe seinen Gedanken nachhängen kann, ist jeder Ort geeignet.
Vielleicht wird auch ein Klapptisch benötigt, um Tagebuch oder einen

Auch Kinder wollen mal ihre Ruhe haben und für sich alleine sein. Leseratten finden überall ein Plätzchen, wo sie ungestört schmökern können, am besten in einer lauschigen Ecke auf einer Gartenbank im Grünen.

Brief zu schreiben oder um zu malen. In einem Gartenhaus ist das Zubehör immer praktisch verstaut und kann bei Bedarf ohne viel Aufwand herausgeholt werden: z. B. Stühle, die man zusammenklappen oder stapeln und und leicht tragen kann.

Ein Stoff zum Träumen

Hängematten sind optimal zum Relaxen und genau das Richtige für ein Mittagsschläfchen. Wenn man es sich darin bequem gemacht hat, fällt alles von einem ab, und es zählt nur noch sanftes Schweben. Oder man taucht ein in die Handlung eines spannenden Buches. Zwischen zwei starken Astgabeln fühlt man sich aufgehoben wie in Abrahams Schoß. Das wissen auch Ihre Kinder. Nicht selten kuscheln gleich zwei oder drei gleichzeitig in der Hängematte. Prüfen Sie also vorher, ob die Konstruktion auch tragfähig genug ist. Um ein Durchscheuern der Kordeln zu verhindern und die Rinde zu schonen, zieht man sie z. B. durch alte Fahrradschläuche oder legt eine dicke Gummimanschette unter. Falls kein geeigneter Baum zur Verfügung steht: Es gibt auch Halterungen.

Balance finden

Entspannung findet man aber nicht nur im süßen Nichtstun. Fernöstliche Praktiken lassen auch uns Europäer Kraft und Energie tanken. Techniken wie Yoga, Meditation und Tai-Chi führen zu innerer Ruhe und Ausgeglichenheit und schaffen die nötige Distanz zum Alltag. Der Rasen ist wie geschaffen für Yoga-Übungen oder Tai-Chi. Kinder sind dafür leicht zu gewinnen. Die Übungen haben zum Teil lustige Tiernamen und können als kleines Ritual mit in den normalen Alltag eingebaut werden.

Licht und Wärme tanken

Wie freut man sich nach einem langen Winter auf die ersten warmen Sonnenstrahlen im Jahr, die wohltuende Wärme im Gesicht und die ungewohnte Helligkeit! In der Frühlingssonne werden die Akkus schnell wieder aufgeladen. Denken Sie dabei aber auch an ausreichenden Sonnenschutz. Vor allem, wenn sich die Haut noch nicht an die Sonne gewöhnt hat. Im Sommer sind Sonnensegel und Schirme über dem Liegestuhl oder der Spieldecke am Boden vor allem für kleine Kinder unverzichtbar. Übrigens: Man wird auch im Schatten braun, es dauert zwar länger, ist aber für die Haut viel schonender.

Himmel, Hölle, Blindekuh

Bei einem turbulenten Nachmittag mit Freunden im Garten sind Wett- und Geschicklichkeitsspiele immer gefragt. Mit einer Horde Kinder geht es beim Sackhüpfen, Ballspielen und Fangen bald drunter und drüber, und der Rasen wird zum fröhlichen Tummelplatz.

Nirgends machen Spiele so viel Spaß wie auf dem herrlich weichen Rasen an der frischen Luft. Barfuß ist es noch mal so schön. Spiele sind eine aufregende Sache, geht es doch oft darum, sich zu messen, schnell und geschickt zu sein, aber auch gemeinsam knifflige Aufgaben zu lösen. Manche Spiele wurden schon in Zeiten gespielt, als die Uroma noch ein Kind war, und das Tolle ist: Sie sind heute noch genauso gefragt wie anno dazumal. Dazu gehören die alten Kreisspiele, das Seilhüpfen und alle erdenklichen Ballspiele. Die schönsten Spiele ergeben sich spontan, sobald mehrere Kinder zusammen sind. Sie brauchen keine aufwändige Vorbereitung und entwickeln sich aus der Situation heraus.

Spiele im Alltag

Für »Ball über die Schnur« reicht eine schon eine einfache Wäscheleine, und zwei Pfosten sind genug für ein kleines Fußballmatch. Ist es windstill, werden die Federballschläger gezückt oder gewettet, wer die größten Seifenblasen machen kann.
Auf dem Gehweg entsteht mit ein paar bunten Kreidestrichen ein Himmel-&-Hölle-Spiel und die Nachbarskinder starten ein Bobbycar-Rennen im Hof. Beim Seilspringen zeigt sich wer die meiste Puste hat, und beim Gummitwist sind lange Beine gefragt. Langeweile kommt dabei so schnell nicht auf, und falls doch einmal etwas Abwechslung gefragt sein sollte, kann man sich Varianten überlegen oder die Regeln abwandeln. Wie wäre es bei »Ball über die Schnur« z. B. mit einem über die Leine gehängten Tuch, das einem die Sicht versperrt? Dann sieht man den Ball erst im letzten Moment und muss ihn blitzschnell fangen. Überraschen Sie Ihre Kinder doch mal mit einem in die Wiese gemähten Labyrinth (→ Seite 30/31). Der Nachmittag ist gerettet, denn Sie werden sich wundern, was man darin alles spielen kann: von Fangen über Blindekuh bis hin zum Sackhüpfen oder Eierlauf. Hauptsache, man tritt nicht aus der gemähten Linie heraus. Toll ist auch ein Hindernisparcours aus Leitern, Brettern, Stühlen oder Stangen (→ Seite 106/107).
Bei Krocket, Boule und Dart sind Zielgenauigkeit und Konzentration gefragt. Diese Spiele sind eine Herausforderung für große Kinder. Kleinere können in der Zwischenzeit beim »Ringewerfen« schon mal dafür üben. Etwas aus der Mode gekommen sind Murmel- und Knickerspiele, die es in allen erdenklichen Varianten gibt. Schade eigentlich, denn man kann sie immer und überall spielen und benötigt dafür nur ein paar kleine, runde Kugeln oder Münzen.
Geschicklichkeit und eine gute Reaktion erfordert das Jonglieren. Kleine Akrobaten können das prima mit dünnen Gazetüchern (gibt es auch in Spielwarengeschäften) lernen, denn die segeln im Gegensatz zu Bällen ganz langsam herunter.

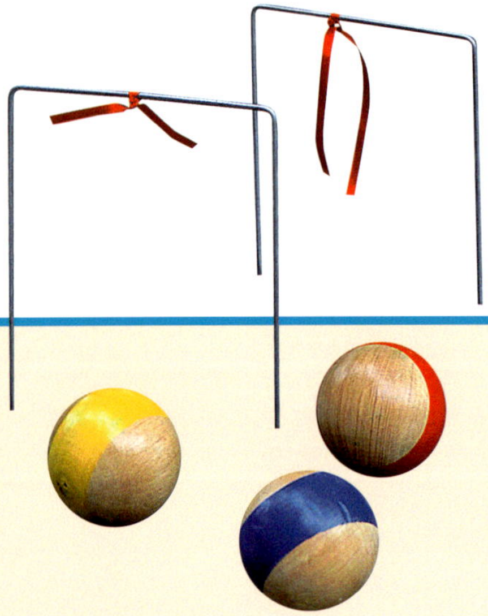

Es reicht, wenn einer die Sache ins Rollen bringt: Dann kommt beim Spielen gern die ganze Familie zusammen. Ob Boule, Krocket oder Federball – eine kleine Spieleauswahl darf in keinem Garten fehlen.

Ohne Ball geht im Garten gar nichts. Echte Profis brauchen natürlich auch ein Fußballtor – vielleicht sogar selbst gebaut aus Weidenruten.

Rund um den Ball

Ballspiele faszinieren Jung und Alt schon seit Jahrtausenden. Es gibt wohl kaum ein Spielgerät, das so variabel zum Einsatz kommt. Vom einfachen Werfen und Fangen bis hin zum Dribbeln, Schlagen und Balancieren – mit einem Ball kann man (fast) alles machen. In kleinen Gärten sind die Möglichkeiten zwar begrenzt, denn allzu oft landet der Ball in Nachbars Garten, aber für einen Basketballkorb an der Hauswand oder ein kleines Hockeytor auf dem Rasen reicht der Platz fast überall.

Bei Schnee und Eis

Auch im Winter ist draußen was los! Sobald der erste Schnee gefallen ist, gibt es kein Halten mehr: Handschuhe an und rein ins weiße Vergnügen. Nach der Schneeballschlacht kann man die übrig gebliebene »Munition« beim Zielwerfen auf den Schneemann verfeuern. Dazu wird dem Schneemann eine Dose auf den Kopf gesetzt, die man treffen muss. Man kann die Schneebälle auch wie beim Dosenwerfen auf einer Mauer auftürmen und versuchen, bei einem Wurf so viele wie möglich zu treffen.
Nett ist auch eine Spurensuche mit zwei Mannschaften. Eine Mannschaft versucht im frischen Neuschnee falsche Fährten zu legen, die andere spielt Sherlock Holmes. Aber Vorsicht: Im Hinterhalt wird man eingeseift!

Spiele in Gesellschaft

Geschicklichkeits- und Gesellschaftsspiele sind bei allen Kindern beliebt. Kein Kinderfest im Freien ohne Sackhüpfen, »Angst vorm schwarzen Mann« und »Der Fuchs geht um«. Aber natürlich kann man sie jederzeit spielen, wenn eine größere Gruppe von Kindern zusammenkommt. Der Aufwand dafür ist minimal: Die Kinder bilden einen Kreis auf dem Rasen oder Mannschaften hinter zwei Linien, und schon kann es losgehen. Selbst fürs Topfschlagen oder den Zeitungstanz benötigt man nur wenige Utensilien, die es in jedem Haushalt gibt. An heißen Sommertagen sind natürlich »Eimertragen« und eine Schlacht mit Wasserballons die Renner. Spaß macht auch »Rettungsboot«, die nasse Abwandlung von »Reise nach Jerusalem«, bei der die Stühle durch wassergefüllte Eimer ersetzt werden.

Dabei sein ist alles

Bei einer Kinderolympiade gibt es keine Verlierer, Tränen und Skandale. Hier zählt nur eins: Der Teamgeist. Nur wenn alle an einem Strang ziehen, kommt man vorwärts, so wie beim »Schlangenhäuten«, wo sich alle Kinder mit gegrätschten Beinen an den Händen fassen und versuchen ohne loszulassen unter den Beinen der anderen durchzukrabbeln. Oder beim »Gordischen Knoten«. Hier liegen alle in einem dichten Knäuel am Boden und halten sich an den Händen. Ein Spieler bleibt übrig. Er versucht die Hände einzeln zu lösen und neu mit anderen zu verbinden, bis aus dem Knoten ein »Strick« wird.

Geschicklichkeitsspiele sind sehr beliebt. Beim Preiseangeln werden Zielsicherheit und gutes Gespür belohnt.

Den Garten in Schuss halten

Im Garten gibt es immer etwas zu tun: säen und pflanzen, lockern und gießen, ernten und Vorräte anlegen, Pflanzen vermehren und pflegen. Mit dem richtigen Gartengerät macht die Arbeit Spaß und geht leicht von der Hand. Praktische Tipps und ein Überblick über das Gartenjahr helfen Ihnen bei der Orientierung. So erfahren Sie, wann was zu tun ist und haben immer alles im Griff.

Blumenzwiebeln setzen

Mit einem Blumenzwiebelpflanzer kommen Krokus-, Narzissen- und Tulpenzwiebeln im Herbst schnell unter die Erde. Besonders für Rasenflächen mit dichter Grasnarbe ist er ideal. Im Beet kann man auch eine Blumenkelle nehmen. Für Gruppenpflanzungen stechen Sie mit dem Spaten ein Stück Grasnarbe aus, legen die Zwiebeln auf den Boden darunter und decken die Grassode wieder darüber. Blumenzwiebeln erhält man ab August. Sie sollten fest sein und die richtige Größe haben. Zwiebelpflanzen, die im Sommer blühen, pflanzt man erst im Frühjahr, wenn die Frostgefahr vorüber ist.

Praktische Helfer fü

Ein Beet bepflanzen

Zum Auflockern und Lüften des Erdreichs ist ein Krümler hilfreich. Bequem und Rücken schonend arbeiten lässt sich mit einem Stecksystem mit Stielen in verschieden Längen, kürzeren für Kinder und längeren für Erwachsene. Mit einem Pflanzer sticht man das Pflanzloch zum Einsetzen von größeren Samenkörnern oder Setzlingen aus. Einfach unentbehrlich und universell einsetzbar im Familiengarten ist die Blumenkelle. Mit der handlichen Schaufel kann man einpflanzen, umtopfen, Kompost, Dünger und Gesteinsmehl ausbringen oder Erde in Balkonkästen und Kübel füllen.

Die passende Schere

Eine Gartenschere oder Rebschere ist für den Schnitt von Obstgehölzen, Sträuchern und Blumen gedacht und zum Zerkleinern von dünnen Ästen und verholzten Stängeln. Achten Sie auf Präzisionsschliff und pflegen Sie sie durch regelmäßiges Säubern und Ölen der Klingen und der Feder mit Nähmaschinenöl. Für stärkere Äste braucht man eine spezielle Astschere oder sogar eine Baumsäge. Eine Allzweckschere mit abgerundeten Spitzen eignet sich zum Schnitt von Kräutern oder Blumen und ist unbedenklich auch für Kinderhände. Mit ihr kann man auch Schnüre, Draht, Stoff oder Pappe schneiden.

Den Boden bearbeiten

Kein Garten ohne Spaten! Er ist vielseitig einsetzbar, z. B. um den Boden umzugraben oder Gehölze zu pflanzen. Er sollte stabil und langlebig sein, am besten aus rostfreiem Stahl. Mit einer Grabegabel wird der Boden tief gelockert, aber ohne ihn zu wenden. Mit einem Grubber oder Vierzahn zerkleinert man grobe Schollen und lockert den Boden oberflächlich auf. Mit ihm rückt man auch dem Unkraut zwischen den Reihen am besten zu Leibe. Einen Rechen braucht man, um die Beete zum Schluss glatt zu ziehen oder Rasen- und Gründüngungssaat oder Gesteinsmehl als Dünger einzuarbeiten.

leine und große Gärtner

Ein Beet anlegen

Mit einer Schnur und ein paar Stöcken können Sie die Beetumrisse vor dem Bearbeiten genau markieren. Sie eignen sich auch als Orientierungshilfe für die Ausrichtung von Saatreihen. Auch um Saatrillen mit der Kante eines Rechens in gerader Linie zu ziehen, kann man sich gut nach einer Schnur zwischen zwei Stöcken richten. Wenn Sie möglichst früh Salat, Kohlrabi und Radieschen ernten wollen, decken Sie in den ersten Wochen nach der Aussaat zum Schutz vor Spätfrost eine Folie oder ein Vlies über das Beet. Ein Schneckenzaun weist die hungrigen Eindringlinge effektvoll in ihre Schranken.

Laub harken

Um im Herbst den Bergen von Falllaub Herr zu werden, ist ein Laubrechen ideal. Die feinen, flexiblen Zinken lassen sich je nach Sammelgut zusammenschieben oder auffächern. Auch Rasenschnitt und ausgerupftes Unkraut lässt sich damit gut zusammenkehren. Für Grashalme und kleine Blätter stellt man die Zinken am Laubrechen enger, große Blätter und Unkraut werden auch noch mit großem Radius erfasst. Dann wird das Sammelgut mit einer Schubkarre zum Kompost gebracht. Kinder lieben Schubkarren, weil man darin Erde mischen kann oder im Schnellgang durch den Garten gefahren wird.

Gießen und beregnen

Ein Schlauch mit aufsetzbarer Spritzdüse und Brause ist das pure Gießvergnügen. Umfassende Systeme bieten vom Regner über die Gartendusche bis zur automatischen Urlaubsbewässerung für jeden Bedarf den passenden Aufsatz. Auf großen Flächen lohnt sich ein Schlauchwagen, der Ordnung in das Durcheinander bringt. Natürlich können Sie auch mit einer Gießkanne Pflanzen schonend gießen. Im Beet ist ein Brauseaufsatz praktisch, bei Topfpflanzen lassen Sie ihn besser weg. Hier gießt man lieber gezielt auf die Erde. Eine Sammeltonne für Regenwasser spart Geld und liefert weiches Wasser.

Praktische Helfer für

Kübelpflanzen überwintern

Mit einem rollenden Untersatz für Kübelpflanzen kommt selbst der schwerste Topf spielend vom Fleck. Einfach transportieren kann man sie auch mit einer Sackkarre. Sollen die mediterranen Balkonschönheiten über Treppenstufen ins Winterquartier gelangen, ist ein Tragegurt hilfreich. Daran sind zwei Griffe zum zupacken, und zu zweit ist der Topf nur halb so schwer. Für Pflanzen, die den Winter über draußen bleiben, benötigt man als Schutz vor Sonne, Wind und Frost eine Schilfmatte, Noppenfolie oder ein Kunststoffvlies. Gartenhandschuhe erleichtern das Zupacken und schützen die Hände.

Aussäen und pikieren

Für das Vorziehen auf der Fensterbank braucht man geeignete Gefäße: z. B. Aussaatschalen oder Tontöpfe. Eine spezielle Aussaat- und Pikiererde versorgt die Keimlinge mit allen nötigen Nährstoffen. Torfquelltöpfe sind ebenfalls praktisch für die Anzucht. Für die weitere Kultur empfiehlt sich eine qualitativ gute, mit Dünger angereicherte Blumenerde. In einem Minigewächshaus herrschen ausgeglichene Temperaturen, und mit einer Sprühflasche hält man die Saat feucht. Zum Vereinzeln nimmt man einen Pikierstab oder einfach den Stiel eines Kaffeelöffels. Kaufen Sie nur frisches, zertifiziertes Saatgut.

Gefäße aller Art

Eimer, Fässer, Wannen und Bottiche sind beim Gärtnern unentbehrlich. Sie sind nützlich, um Unkraut darin einzusammeln oder um Dünger auf großen Flächen auszubringen. Man kann auch gut verschiedene Erden darin mischen. Kompost wird ebenfalls eimerweise transportiert. In einem Eimer mit Wasser kann man z.B. auch trockene Wurzelballen durchdringend tränken. Große Behältnisse wie Tonnen sind hilfreich, um Regenwasser zu sammeln, und aus einem alten Holzfass oder einer Zinkwanne wird ein hübscher Miniteich, wenn man sie mit Wasser füllt und z.B. mit Seerosen bepflanzt.

kleine und große Gärtner

Die Ernte einbringen

Weidenkörbe sind für die Ernte wie geschaffen. Sie sind durchlässig, so dass man Kartoffeln, Äpfel, Sellerie, Kohlköpfe, Kürbisse und Zwiebeln darin beim Ernten luftig stapeln kann. Auch zum Ernten von Kräutern und Beeren sind Körbe hilfreich. Wer im Obstbaum auf der Leiter steht, braucht einen Korb, den man mit einem Gürtel um den Körper trägt oder den man mit einem Henkel an die Leiter hängen kann. So hat man die Hände frei. Wer bei der Apfelernte lieber auf dem Boden bleibt, bedient sich eines ausziehbaren Apfelpflückers, um selbst die hoch hängenden Früchte bequem zu erreichen.

Den Rasen pflegen

Moderne, handbetriebene Spindelmäher laufen recht leicht, sind handlich, Platz sparend, umweltfreundlich und besonders gut geeignet für kleine Gärten. Elektrische oder benzinbetriebene Sichelmäher sind leistungsstark, aber vergleichsweise laut. Mit einem praktischen Auffangkorb spart man sich das Zusammenrechen des Schnittguts. Hohe Blumenwiesen sollte man besser mit einer Sense mähen. Zum Belüften und Entfernen von Moos und Unkraut empfiehlt sich ein Vertikutierer. Ersatzweise reicht auch ein Rechen. Mit einem Streuwagen bringt man Dünger gleichmäßig aus.

Hegen & pflegen

Der Garten hält einen ganz schön auf Trab: Hacken, gießen, mulchen, Pflanzen düngen oder auf Schädlinge kontrollieren. Aber die Mühe lohnt sich, denn die Pflanzen danken den Aufwand mit gesundem und kräftigem Wachstum.

Üppige Blütenpracht und reiche Ernte sind kein Geschenk des Himmels. Pflanzen brauchen ausreichend Licht, Luft, Wasser und Nährstoffe, wenn sie sich prächtig entwickeln sollen. Der Pflegeaufwand hält sich aber in Grenzen, wenn man regelmäßig nach dem Rechten schaut und sich das Gärntern mit ein paar Tricks leichter macht.

Luft und Wasser

Pflanzenwurzeln wollen atmen, was nur in einem lockeren Boden möglich ist. Harte Bodenkrusten sollten mit einem Grubber immer mal wieder aufgelockert werden (→ Seite 36/37 und 38/39). Auch zusätzliche Humusgaben und regelmäßiges Mulchen sorgen für ein krümeliges Bodengefüge.
Das hat viele Vorteile. Man kann z. B. effektiver gießen. Das Wasser dringt dabei tiefer in den Wurzelraum, und das Wurzelwachstum wird gefördert. Gießen Sie lieber ausgiebig und dafür seltener. An heißen Sommertagen versorgt man die Pflanzen am besten nur frühmorgens oder abends mit Wasser. In der Mittagssonne wirken die Wassertröpfchen auf den Blättern wie ein Brennglas. Außerdem verdunstet ein Großteil des Wassers ungenutzt. Es ist besser, nicht über die Blätter zu gießen, sondern an den Fuß der Pflanze. Das gilt besonders für Tomaten, bei denen nasse Blätter die Ausbildung der Krautfäule fördern. Nebenbei sparen Sie auch noch Wasser. Ideal zum Gießen ist ein Aufsatz mit weichem Brausestrahl, damit die krümelige Bodenstruktur nicht verschlämmt.

Fleißige Helfer

Mit einer automatischen Bewässerung kann man sich mühevolles Gießkannenschleppen sparen. Ein computergesteuertes System hat zwar seinen Preis, dafür sind die Pflanzen auch im Urlaub immer ausreichend versorgt. Für Topfpflanzen und Balkonkästen reichen ein Tropfschlauch oder Ton-

1

Jäten
Wildwuchs nimmt den Pflanzen Licht und Nährstoffe. Eine Hacke lockert das Unkraut, dann zieht man es leicht heraus.

2

Mulchen
Eine Schicht Rasenschnitt, Rindenhäcksel oder Stroh hält Unkraut fern, regt das Bodenleben an und erspart häufiges Gießen.

3

Düngen
Wenn Kompost nicht reicht, versorgt eine Gabe organischer Dünger die Pflanzen mit allen nötigen Nährstoffen.

4

Urlaubsbewässerung
Mit ausgeklügelten Schlauchsystemen sind Topfpflanzen und Balkonkästen während der Ferienzeit bestens versorgt.

5

Gießen
Ausreichend und richtig wässern tut den Pflanzen gut. Am effektivsten gießt man in den Morgen- oder Abendstunden.

kegel, mit denen man gut ein paar Tage überbrücken kann.
Auf Beeten hemmt eine Mulchschicht die Verdunstung (→ Seite 36/37) und schränkt auch lästiges Unkrautwachstum ein, dem man sonst mit einer Hacke zu Leibe rücken müsste.

Nahrung für die Pflanzen

Eine ausgewogene Versorgung mit Nährstoffen ist das A & O für üppiges Wachstum. Die Pflanzen zeigen sonst Mangelerscheinungen und werden anfällig für Krankheiten.

➤ **Kompost** (→ Seite 36/37) ist die natürlichste Art, Pflanzen mit nährstoffreichem Humus zu versorgen. Rechen Sie ihn etwa 1–2-mal im Jahr ins Beet ein.

➤ **Organisch-mineralischer Dünger** wirkt langfristig. Seine Komponenten werden erst nach und nach freigesetzt und versorgen die Pflanzen gleichmäßig über 3–4 Monate.

➤ **Chemisch-synthetischer Dünger** stellt die Wirkstoffe sofort zur Verfügung, hat aber den Nachteil, dass man leicht zu viel davon gibt und die Pflanzen damit überdüngt.

➤ **Spezialdünger** ist auf die besonderen Ansprüche bestimmter Pflanzengruppen wie Rosen oder Rhododendron abgestimmt.

Ungebetene Gäste

Krankheiten und Schädlinge können selbst Pflanzen zu schaffen machen, die mit viel Hingabe gehegt und gepflegt werden. Oft sind nur ein falscher Standort oder ungünstige Witterungsbedingungen schuld daran. Untersuchen Sie sie regelmäßig und stärken Sie vorbeugend die Widerstandskraft durch einen Kräutersud oder Natur schonende Pflanzenschutzmittel, z. B. Netzschwefel. Wenn es trotzdem zu Pflanzenkrankheiten wie Mehltau kommt, entfernen Sie zunächst befallene Pflanzenteile.
Meist braucht man nur ein bisschen Geduld. Wer Nützlinge wie Ohrwürmer, Marienkäfer und Florfliegen zum Einsatz bringt (→ Seite 100/101), kann bei einem Blattlausbefall gelassen abwarten, bis sich der »Leckerbissen« herumgesprochen hat. Ganz hartnäckige Exemplare kann man auch unter einem Duschstrahl abstreifen und, wenn alles nichts hilft, mit Spezialpräparaten auf biologischer Basis behandeln.
Eine Schneckenplage im Salatbeet ist äußerst lästig. Zuverlässig Abhilfe schafft ein spezieller Schneckenzaun aus Metall (im Gartenfachhandel). Zu Hilfe kommen auch hier natürliche Feinde wie der Igel. Besser als der Einsatz von Gift (z. B. Schneckenkorn) ist es, die Schnecken regelmäßig unter ausgelegten Brettern abzusammeln und beim nächsten Spaziergang weit draußen auszusetzen.

Ein Schnitt zurück

Wer bei Gehölzen, Blumen und Kräutern zum richtigen Zeitpunkt die Schere ansetzt, kann sich über kräftiges Wachstum, viele Blüten, reiche Ernte und buschigen Wuchs freuen. Schnittmaßnahmen verjüngen und vitalisieren die Pflanzen und halten sie in Form.

Pflanzen reagieren auf Schnittmaßnahmen ganz verschieden. Je nachdem, wann und wie man sie durchführt, kann man das Wachstum fördern oder aber übermäßigem Wuchern Einhalt gebieten. Für den richtigen Ansatz der Schere gelten bei krautigen Pflanzen andere Regeln als bei Gehölzen. Gärtnereien, Gartenbauämter und Volkshochschulen bieten regelmäßig Schnittkurse an. Wichtig ist, dass Sie eine saubere, gut geschärfte Schere verwenden, denn nur bei einem glatten Schnitt können sich Pilzsporen nicht so leicht ansiedeln. Kinder haben einen siebten Sinn dafür, wann es spannend und gefährlich wird. Sie sollten aber erst ab dem Schulalter mit scharfen Gartengeräten hantieren, und die elektrische Heckenschere bleibt sowieso für alle tabu. Erklären Sie den Kindern den Umgang mit Schnittwerkzeugen und Sägen und lassen Sie auch ältere dabei nie ohne Aufsicht.

Rückschnitt bei Blumen und Kräutern

Bei krautigen Pflanzen wie Currykraut oder Sonnenhut kann man mit gezieltem Schnitt kompakten, buschigen Wuchs und Neuaustrieb evtl. mit zweiter Blüte fördern. Alte, abgestorbene Pflanzenteile und verwelkte Blüten und Blätter werden regelmäßig herausgeschnitten. Im Herbst können Sie eine Ausnahme machen: Trockene Pflanzenstängel dienen vielen Insekten als Winterquartier und sollten darum den Winter über stehen bleiben (→ Seite 100/101).
Damit Lavendel oder Salbei nicht verholzen, schneidet man im Sommer nur die verwelkten Blütenstängel ab, im Frühjahr dann alle Triebe um etwa $^1/_3$ zurück. Bei vielen Kräutern wie Minze, Petersilie und Schnittlauch regt ständige Ernte immer wieder neues Wachstum an. Ähnlich ist es bei Schnittblumen: Da verrät schon der Name, worauf es ankommt.

Gehölze schneiden

Bei Bäumen und Sträuchern richten sich nötige Schnittmaßnahmen und der richtige Zeitpunkt ganz danach, wann sie blühen und wie alt sie sind. Frostfreie Wintertage sind dafür in der Regel ideal. Dann stört man keine brütenden Vögel und schränkt die Gefahr einer Pilzinfektion an der Schnittstelle ein, die oft bei stärkeren Ästen über 3 cm Durchmesser auftreten. Eine Ausnahme bilden die Frühjahrsblüher: Winterjasmin, Forsythie oder Magnolie schneidet man erst nach der Blüte zurück, denn sie blühen nur an den im Vorjahr gebildeten Knospen. Der Heckenformschnitt erfolgt im Sommer. Warten Sie ab, bis eventuell in der Hecke brütende Vögel den Nachwuchs aufgezogen haben.
Kürzen Sie Äste immer oberhalb einer nach außen zeigenden Knospe, damit der neue Trieb nach außen abzweigt. Nach innen wachsende Triebe werden entfernt. Der Schnitt sollte schräg verlaufen, damit sich kein Regenwasser auf der Wunde sammeln kann.
Verholzte Kübelpflanzen wie Bougainvillee blühen meist an einjährigen Trieben. Es reicht, wenn man sie nach der Blüte um etwa $^1/_3$ zurückschneidet, um die Bildung junger Triebe für die neue Saison zu fördern.

In Form bringen

Mit einem Formschnitt gibt man einem Gehölz eine bestimmte Kontur. Das kann aus gestalterischen Gründen gewünscht sein, oder weil man Platz sparen möchte (z. B. bei einer Schnitthecke). Allein stehende Bäume werden damit zu einem hübschen Blickfang. In ein Spielgebüsch kann man sehr zur Freude der kleinen »Bewohner« z. B. Fenster oder einen Durchschlupf schneiden (→ Seite 74–76). Immergrüne wie Buchs und Eibe sind besonders schnitttolerant und lassen sich mit Schablonen in beliebige Formen wie Kugeln, Spiralen oder sogar Tierfiguren schneiden, was bei Kindern natürlich gut ankommt. Aber Vorsicht: Viele Immergrüne sind giftig (→ Seite 138). In Gärten, in denen oft kleine Kinder spielen, sollte man darauf vielleicht lieber verzichten.

1

Auslichten
Bei älteren Sträuchern sollte man regelmäßig einzelne alte, nach innen wachsende und konkurrierende Äste direkt an der Basis abschneiden. Das fördert den Neuaustrieb und kräftigt die Pflanze. Bei Brombeeren und Himbeeren werden die abgetragenen Ruten ebenfalls ganz unten entfernt.

2

Rückschnitt nach der Blüte
Bei den meisten Pflanzen regt ein kräftiger Rückschnitt nach der Blüte den Neuaustrieb an und fördert kompakten Wuchs. Oft lässt sich mit einem Rückschnitt auch die Blütezeit verlängern. Manchmal reicht es schon, verwelkte Triebe zu entfernen, um den Pflanzen eine zweite Blüte zu entlocken.

PRAXISINFO

Geeignete Scheren für den richtigen Schnitt

Beim Pflanzenschnitt gibt es für jede Anwendung das geeignete Werkzeug.

- **Gartenschere:**
  Schnittblumen, dünne Triebe und Zweige bis ca. 2 cm Durchmesser
- **Allzweckschere, Kräuterschere:**
  weiche Triebe oder hohle Stängel, z. B. bei Kräutern und Schnittblumen
- **Astschere, Teleskopschere:**
  dicke Äste über 2 cm Durchmesser
- **Kantenschere, Rasentrimmer:**
  Rasenkanten
- **Heckenschere:**
  dünne Zweige und Äste bis ca. 2 cm Durchmesser

3

Wildtriebe schneiden
Bei Rosen und Obstbäumen wachsen manchmal unterhalb der Veredlungsstelle Wildtriebe aus dem Boden, die keine Blüten und Früchte tragen. Diese Triebe kappt man am besten unter der Erdoberfläche direkt an der Wurzel. Dazu muss man evtl. erst den Boden etwas aufgraben.

1 Öl und Essig aromatisieren

Das Aroma von Kräutern kann man wunderbar in Öl und Essig konservieren. In mit heißem Wasser gereinigte Flaschen füllt man frisch geschnittene Kräuter und gießt mit einem guten Speiseöl oder Essig auf. Nach 3–4 Wochen an einem sonnigen Platz und gelegentlichem Schütteln siebt man das Ganze durch.

2 Kräuter trocknen

Am späten Vormittag, wenn der Tau getrocknet und das Aroma am besten ist, ist Erntezeit für Duft-, Tee- und Küchenkräuter. Man schneidet sie zu Büscheln, bindet sie mit einem Band zusammen und hängt sie an einem schattigen, luftigen Ort zum Trocknen auf.

3 Beeren einfrieren

Beeren kann man sehr gut einfrieren. Für eine coole Überraschung auf der nächsten Party sind tiefgefrorene Erdbeeren, Himbeeren oder Brombeeren als Eiswürfel der Hit. Man füllt eine Beere pro Fach in den Eiswürfelbehälter, füllt Wasser auf und stellt das Ganze ein paar Stunden ins Eisfach.

4 Apfelringe auffädeln

Getrocknetes Obst ist gesund und lecker. Für Dörrobst entfernt man das Kerngehäuse mit einem Apfelausstecher, schneidet die Äpfel in Ringe und hängt sie an einer Schnur zum Trocknen auf.

Genuss auf Lager

Mit einer gut gefüllten Speisekammer lässt sich auch im Winter der Geschmack des Sommers genießen. Wie gut, dass man Großmutters leckere Rezepte bewahrt hat und damit nach Herzenslust einwecken, trocknen und entsaften kann.

Knackige Äpfel und Möhren, aromatische Beeren und Kräuter schmecken zwar am besten von der Hand in den Mund, aber alles lässt sich nicht sofort verwerten. Gut, dass man vieles konservieren und sich über Monate mit selbst gekochten Marmeladen, Trockenobst und eingelegtem Gemüse versorgen kann.

Sowieso roh

Einige Obst- und Gemüsesorten können roh gelagert werden.

➤ Lageräpfel und -birnen bleiben in einem kühlen, feuchten Raum auf einem luftigen Regal knackig frisch.

➤ Zwiebeln und Knoblauch hängt man als geflochtenen Zopf luftig auf.

➤ Kartoffeln müssen dunkel lagern, damit sie kein giftiges Solanin bilden.

➤ Möhren, Sellerie und Rotkohl halten sich in einer Kiste mit feuchtem Sand frisch.

➤ Kürbisse kann man auf Zeitungspapier trocken und kühl etwa 3–4 Monate aufbewahren.

➤ Apfelringe zum Trocknen auf eine Schnur aufzufädeln, macht besonders Kindern Spaß. Dörrobst aus Birnen, Aprikosen und Pflaumen trocknet man besser im Backofen.

➤ Hagebutten schneidet man auf und legt sie zum Trocknen auf Zeitungspapier aus. Wenn sie getrocknet sind, entfernt man die Samen und füllt die Kapseln in Dosen.

Eis & heiß

Zwar kann man Obst und Gemüse aller Art prima einfrieren. Aber selbst im Zeitalter der Tiefkühltruhen geht nichts über selbst gemachte Marmeladen, Chutneys, Ölmarinaden und sauer eingelegte Gurken.

Das Erntegut für Marmelade oder Gelee wird zuerst gründlich gesäubert. Blätter, Stiele, Kerne und faule Stellen werden entfernt und die Früchte evtl. klein geschnitten. Obst- und Gemüsesaft erhitzen Sie auf 90 °C, füllen ihn in sterile Flaschen und verschließen diese mit einem Gummiverschluss oder Twist-off-Deckel. Auch in vielen Obstbaubetrieben kann man eigene Früchte entsaften lassen.

Lang lebe die Würze

Kräuter kann man nie genug im Haus haben. Um die winterliche Durststrecke zu überstehen, lässt sich die Würze haltbar machen.

➤ Vielseitig verwendbar sind Kräuteressige und -öle. Basilikum wird für Pesto klein geschnitten, und mit Knoblauch, Parmesan, Pinienkernen und Salz in Ölivenöl haltbar gemacht. Essig kann man mit Etragonblättern und Blüten von Dill und Kapuzinerkresse aromatisieren. Für Kräuteröle eignen sich Rosmarin, Thymian, Lorbeer oder Knoblauch.

➤ Zum Trocknen binden Sie Kräuter zu lockeren Sträußen zusammen und hängen sie an einen luftigen, schattigen Ort. Sobald es raschelt sind sie trocken. Dann werden Blätter oder Blüten vom Stängel abgestreift und als Gewürz oder für Kräutertee in dunkle Schraubgläser oder Dosen gefüllt.

➤ Einfrieren kann man Kräuter portionsweise klein geschnitten und mit etwas Wasser im Eiswürfelfach.

Zu Halloween kann ein Kürbisgesicht nicht gruselig genug sein. Beim Aushöhlen verarbeitet man das Fruchtfleisch zu einer Kürbissuppe oder stellt Chutneys her.

Aus eins mach zwei und mehr

Pflanzen vermehren ist gar nicht schwer. Aus Samen, Stecklingen und Ablegern lässt sich gut Nachwuchs ziehen, und bald füllt sich die Mini-Gärtnerei mit Töpfen und Schalen. Hier zeigt die Natur, wie verschwenderisch sie ist – und wie sparsam, denn die eigene Zucht ist kostenlos.

Ein- oder mehrjährige Pflanzen kann man leicht selbst vermehren und so für Nachwuchs sorgen.

- Sommerblumen und einjährige Kräuter oder Gemüsesorten zieht man aus Samen heran, eine Form der geschlechtlichen Vermehrung.
- Mehrjährige Stauden kann man teilen, Ableger oder Stecklinge nehmen. Dies sind Methoden der ungeschlechtlichen Vermehrung.

Die Wucht in Tüten

Um sich an den schmackhaften, robusten Gemüsesorten oder hübsch blühenden Sommerblumen auch im nächsten Jahr zu freuen, müssen Sie nur ein bis zwei der schönsten Exemplare stehen und die Samen ausreifen lassen, bevor Sie sie ernten. Dann werden sie getrocknet und in beschriftete Tütchen verpackt. Feuerbohnen und Erbsen lässt man so lange hängen, bis die Schoten hellbraun und trocken sind und pult sie dann heraus. Samen von Tomaten, Kürbissen, Gurken oder Auberginen sind im Fruchtfleisch eingeschlossen. Man löst sie mit einer Gabel heraus, spült sie in einem Sieb ab und trocknet sie auf Löschpapier. Sommerblumen bilden entweder Kapseln wie bei Jungfer im Grünen, Klatschmohn oder Nachtkerze. Manchmal liegen die Samen auch in

1

Saatgut fürs nächste Jahr
Aus den getrockneten Blüten und Samenkapseln werden die Samen gepult. Wie unterschiedlich sie aussehen! Dann verpackt man sie in Tütchen und beschriftet die Tüten mit den Namen der Pflanze. Im nächsten Frühjahr werden sie dann ausgesät.

2

Nachwuchs durch Ableger
Die kräftigsten Ausläufer der Erdbeerpflanze werden abgeschnitten und die jungen Pflänzchen in Töpfe mit feuchter Erde gepflanzt, damit sie eigene Wurzeln bilden. Damit kann man dann ein neues Erdbeerbeet anlegen.

einem Blütenkorb wie bei Sonnen- oder Ringelblumen. Hellbraune und harte Samen schneidet man ab und hängt sie zum Trocknen auf. Aber Achtung: Die Samen von Hybridsorten (untereinander gekreuzte Bastarde) zeigen nicht mehr die gleichen Eigenschaften wie die Mutterpflanze.

Pflanzenteile abtrennen

Triebspitzen, Ableger, Blätter und Wurzeln – es gibt bei Stauden und Gehölzen kaum eine Stelle, aus der man keine neue Pflanze heranziehen kann. Man kann sie auch aus Samen vermehren, das dauert nur länger.

Stück für Stück neues Glück

Gewürzsträucher wie Lavendel, Rosmarin oder Lorbeer eignen sich gut für Stecklinge. In einen Blumentopf mit Aussaaterde steckt man 10 cm lange, gesunde, krautige Endtriebe der Pflanze ohne Blütenknospen. Entfernen Sie die Blätter in dem Abschnitt, der in die Erde kommt. Feuchten Sie die Erde an und stülpen Sie eine transparente Plastikhaube über den Topfrand. Nun wartet man 2–3 Wochen, bis sich Wurzeln gebildet haben.

Für Steckhölzer schneidet man im Herbst 20 cm lange, bleistiftdicke, einjährige Triebe ohne Seitenknospen und steckt sie so tief in einen Kübel mit sandiger Erde, dass nur die Endknospe herausschaut. Halten Sie die Erde feucht und decken Sie sie mit Stroh oder Laub ab. Im Frühjahr werden die bewurzelten Triebe verpflanzt.

Geteilte Freude

Bei zu groß gewordenen Stauden kann man den Wurzelballen mit den Händen teilen und getrennt wieder einpflanzen. Ist der Wurzelfilz dafür zu dicht, nimmt man einen Spaten oder eine Grabgabel zu Hilfe. Beim Eintopfen sollte man darauf achten, dass die Teilstücke sowohl Wurzeln als auch Blattknospen aufweisen.

Pflanzenkinder abnabeln

Erdbeeren bilden lange Ausläufer, an deren Ende neue Pflänzchen wachsen. Wenn man die Ableger abschneidet und in die Erde drückt, wurzeln sie schnell. Andere Stauden wie z. B. die Pfefferminze bilden unterirdische Wurzelsprosse, die man einfach abstechen und verpflanzen kann.

3

Stecklinge ziehen
Von Endtrieben der Geranie entfernt man die unteren Blätter und steckt sie in Aussaaterde. Eine darüber gespannt Folie vermindert die Verdunstung.

Wurzeln teilen
Bei Schnittlauch teilt man den Wurzelballen einfach mit einem Messer und pflanzt die Hälften getrennt wieder ein.

4

STECKLINGE EINPFLANZEN

ZEITBEDARF:
15 Min.

MATERIAL:
- Aussaaterde
- Blumentopf
- Holzstäbe
- transparenter Plastikbeutel oder Mini-Gewächshaus

WERKZEUG:
- scharfes Messer

Der Winter hält Einzug

Mit Väterchen Frost wird es Winter im Garten. Wenn rechtzeitig die nötigen Vorbereitungen getroffen wurden, überstehen Pflanzen und Tiere die kalte Jahreszeit schadlos, und manche Frühstarter bereiten sich schon jetzt auf ihren Auftritt vor.

Wenn die Beete unter einer glitzernden Schneedecke schlummern, der Teich eine Eisdecke hat und die Rosen weiße Mützen tragen, zeigt sich der Garten von seiner zauberhaften Seite. Sträucher mit überhängenden Ästen, Gräser und immergrüne Pflanzen setzen sich malerisch in Positur. Nur auf den ersten Blick scheint der Garten ohne Leben. Manche Ziersträucher wie Zaubernuss und Winterschneeball überraschen mit zarten Blüten. Zwischen Schnee und Eis zeigen sich Winterlinge und Schneeglöckchen, und die Knospen an den Bäumen tragen bereits voll entwickelte Blüten und Blätter.

Frostempfindliche Stauden brauchen eine Abdeckung aus Reisern zum Schutz vor Kälte und Wind.

Schutz vor der Kälte

Genießen Sie die Winterruhe, solange der Garten einen weißen Mantel trägt. Nur ab und zu sollte man Sträucher und Bäume von der Schneelast befreien. Gefährlich ist Kälte ohne wärmendes Schneepolster. Zum Schutz davor trifft man bereits im Herbst die nötigen Vorbereitungen. Kübelpflanzen kommen ins Winterquartier oder werden warm verpackt. Beete deckt man mit Reisig ab, und junge Obstbäume erhalten gegen Frostrisse einen Anstrich aus Kalk oder Lehm.

Eine Decke fürs Beet

Die abgeernteten Beete werden mit einer Grabegabel gelockert, von Unkraut befreit und mit Laub und Reisig gemulcht. So schützen Sie die Bodenfauna, die im Frühjahr zeitig zu neuem Leben erwacht. Empfindliche Beetpflanzen erhalten eine Decke aus Laub, Tannenreisig, Stroh oder Schilfmatten, z.B. Oregano und Salbei, Japananemone, Ziergräser, Rosen und junger Sommerflieder. Edelrosen häufelt man 20 cm hoch mit Erde an, so dass die Veredlungsstelle gut geschützt ist. Kletterrosen kann man mit Tannenreisig schützen. Intensive Sonne bei gleichzeitigem Bodenfrost bedeutet Stress für immergrüne Pflanzen. Die Verdunstung kommt in Gang, die Wurzeln können jedoch kein Wasser aufnehmen, und die Pflanze vertrocknet. Gießen Sie deshalb Buchs, Salbei, Thymian oder Lavendel an frostfreien Tagen. Eine Abdeckung aus Tannenzweigen verringert die Verdunstung.

Topfpflanzen im Winterschlaf

Kübelpflanzen, die nicht frosthart sind, werden ab Oktober z.B. mit Tragegurten (→ Seite 124) ins Haus geholt und in einem hellen, kühlen Raum überwintert. Temperaturen von 5–10 °C, wie sie z.B. im kalten Treppenhaus, Wintergarten, Keller oder in der Garage herrschen, sind ideal. Ein geheizter Wohnraum ist dagegen ungeeignet. Schildlausbefall oder Krankheiten treten dann häufig auf. Kontrollieren Sie das Winterquartier regelmäßig und gießen Sie mäßig. Der Wurzelballen sollte nicht austrocknen. Manche Pflanzen, wie Rosen, Oleander oder Wandelröschen, können unter Strohmatten oder Folie auch auf dem geschützten Balkon bleiben.

Alles Leben scheint stillzustehen, verborgen unter der Glitzerwelt. Ein Loch im Teich sollte frei bleiben, damit überwinternde Frösche und Fische Luft kriegen.

Achten Sie darauf, dass die Tontöpfe frostbeständig sind.

Den Teich frei halten

Es ist sinnvoll, im Herbst das Laub vom Teich zu fischen, um den Nährstoffgehalt nicht zu erhöhen. Ein gespanntes Netz vereinfacht diese Arbeit. Wenn der Teich zugefroren ist, sorgt ein Loch in der Eisfläche für den nötigen Sauerstoff. So können die Frösche und Fische am Teichgrund atmen. Damit die Öffnung bleibt, steckt man Styropor dazwischen oder verwendet einen elektrischen Eisfreihalter. Ein Miniteich muss nicht entleert werden. Damit der Frost das Gefäß nicht sprengt, wird ein Stück Fichtenholz hineingestellt. Das dient als Puffer, wenn sich das gefrierende Wasser ausdehnt. Seerosen werden herausgenommen und im Keller überwintert.

Gehölze schneiden

An frostfreien Tagen zwischen November und Februar werden Gehölze ausgelichtet und zurechtgestutzt. Die Schnittabfälle kann man mit einem Häcksler schreddern und als Mulch um den Stammbereich breiten. Aus Laub wird ein Haufen aufgeschichtet, in dem sich vielleicht Igel einnisten. Oder das Falllaub wird mit Erde vermischt und als Kompost aufgesetzt.

Es regt sich was

Säen, pflanzen und ernten kann man auch im Winter. Blumenzwiebeln können noch bis zum Frostbeginn gepflanzt werden (→ Seite 32/33). Hyazinthen oder Narzissen werden in Töpfen auf der Fensterbank vorgetrieben. In Minigewächshäusern keimen Zitronenkerne, Avocado oder Kresse. Schnittlauch ist das erste würzige Grün. Man gräbt einen Wurzelballen im Garten aus, lässt ihn richtig durchfrieren und topft ihn ein. Im Warmen treibt er wieder aus. Wie ein Wunder sind für Kinder geschnittene Kirschzweige, die man am 4. Dezember, dem St.-Barbara-Tag, in die Vase stellt. Sie blühen an Weihnachten.

Vitamine ernten

Einige winterharte Gemüsekulturen wie Grünkohl, Rosenkohl und Lauch liefern sogar in der frostigen Zeit wertvolle Vitamine. Ebenso gedeihen Zuckerhut, Feldsalat und Radicchio unter einer schützenden Folie oder einem Vlies. Mit einem Frühbeetkasten kann man bereits ab Februar mit der Aussaat von Radieschen und Salaten ins neue Gartenjahr starten.

Tiere füttern – ja oder nein?

Tiere finden im Winter meist selber ausreichend Nahrung und Schutz, vorausgesetzt, der Garten wurde nicht blitzblank aufgeräumt. Die Samenstände der Stauden, Nährgehölze, Fallobst und Nüsse sind begehrter Wintervorrat. Vögel sollten nur bei Eis und Schnee gefüttert werden (→ Seite 100/101). Für die Kinder ist die Vogelbeobachtung am Futterhaus aber immer ein interessantes Schauspiel. Halten Sie das Vogelhaus sauber, damit sich keine Krankheiten ausbreiten. Nehmen Sie in dieser Zeit auch die Nistkästen ab und reinigen Sie sie.

Pläne schmieden

Jetzt ist die beste Zeit, um neue Gartenpläne zu schmieden und in Katalogen zu blättern. Bestellen Sie Saatgut und Pflanzen und skizzieren Sie einen Anbauplan für den Blumen- und Küchengarten. Die Gartengeräte müssen gereinigt, repariert und geölt werden, und im Gartenhäuschen wird wieder mal richtig Ordnung gemacht.

Arbeit-

Januar – April: Start ins neue Gartenjahr

JANUAR

- Gartenkataloge durchblättern; Saatgut bestellen; Keimproben machen; Anbauplan für den Blumen- und Küchengarten erstellen
- Avocadokerne wurzeln lassen; Schnittlauchballen ausgraben, durchfrieren lassen und auf der Fensterbank antreiben
- Immergrüne ab und zu gießen, Sträucher von zu großer Schneelast befreien; Kübelpflanzen im Winterquartier regelmäßig auf Schädlinge kontrollieren, sparsam gießen; bei Eis und Schnee Vögel füttern

FEBRUAR

- Obstbäume und Beerensträucher schneiden, Hecken auslichten; Werkzeug reparieren und einölen
- Feldsalat, Winterlauch, Grünkohl und Rosenkohl ernten, Pflanzen im Mini-Gewächshaus auf der Fensterbank vorziehen
- Den Garten einrichten: einen Sitzplatz anlegen, ein Weidenhaus bauen; Einzäunungen und Beeteinfassungen erneuern, Holzbauten und Spielgeräte auf Sicherheit überprüfen, erneuern und reparieren; Nistkästen aufhängen

Mai – August: Erntezeit und Hochsaison

MAI

- Nach den Eisheiligen Mitte Mai Tomaten, Kürbis, Zucchini, Auberginen, Paprika, Basilikum und Andenbeere pflanzen; Gurken, Stangenbohnen, Zuckermais und Kapuzinerkresse an Ort und Stelle säen
- Kübelpflanzen an Ort und Stelle bringen; Erdbeeren mulchen; Brennnesselsud ansetzen, Schnecken absammeln, Pflanzen auf Schädlinge untersuchen
- Wildbienenbehausung basteln, Tipi aus Feuerbohnen errichten, Terrassenplatz einrichten; Sandspielzeug bereitstellen

JUNI

- Unkraut jäten, hacken, gießen; Kartoffeln häufeln; Kletterpflanzen anbinden; düngen; Stauden nach der Blüte teilen und verpflanzen; Ende des Monats Wiese mähen; Hecken schneiden, Gartenabfälle häckseln und neuen Kompost aufsetzen
- Salat, Kohlrabi, Zuckererbsen, Möhren, Erdbeeren, Kirschen, erste Beeren ernten; Früchte und Kräuter konservieren; Blumen schneiden und Sträuße binden
- Tiere am und im Gartenteich beobachten, Ohrwurmbehausung in Obstbäume hängen

September – Dezember: Neue Kräfte sammeln

SEPTEMBER

- Kartoffeln ernten und dunkel lagern; Äpfel, Birnen, Nüsse ernten, Apfelringe schneiden, Feuerbohnenkerne trocknen; Basilikum in Öl und Salz konservieren
- Blumenzwiebeln in Boden und Töpfe pflanzen; abgeerntete Beete lockern, Unkraut entfernen und Gründüngung einsäen
- Steckhölzer schneiden und in einem Kasten mit Sand bewurzeln lassen; Kräuter, Stauden und Beerensträucher pflanzen; Rasen ausbessern oder neu anlegen
- Evtl. Staudenbeete neu bepflanzen

OKTOBER

- Vor dem Frost Tomaten, Kürbisse, Zucchini, Andenbeere, Sellerie und Möhren ernten; Wurzelgemüse in Sandkiste aufbewahren; grüne Tomaten an der Fensterbank nachreifen lassen; Zierapfelzweige in die Vase stellen
- Beete abräumen, tiefgründig lockern und mit Mulchschicht abdecken; frostempfindliche Pflanzen ins Winterquartier bringen; Dahlienknollen ausgraben und überwintern; Outdoor-Töpfe mit Frostschutz versehen; Leimringe an Obstbäumen anbringen
- Halloweenkürbisse aufstellen

alender

- Gehölze pflanzen; Beet für Frühkulturen vorbereiten; Zwiebeln stecken, Möhren und Spinat säen; Salat und Kohlrabi unter Vlies pflanzen;Kresse, Tomaten, Sommerblumen und Kräuter vorziehen
- Kräuter stutzen, vertrocknete Stängel entfernen, Edelrosen zurückschneiden; Stauden und Knoblauch teilen und verpflanzen; Rasen anlegen oder ausbessern, Wiese einsäen
- Froschlaich im Teich, Erdhummeln und Zitronenfalter beobachten

APRIL

- Zuckererbsen, Mangold, Sonnenblumen, Kräuter säen; Himbeeren, Brokkoli, Kohlrabi, Rosen und Sommerblumen pflanzen; Frühkartoffeln setzen
- Winterabdeckungen abnehmen; Beete lockern, Kompost umsetzen, sieben und verteilen; Kübelpflanzen umtopfen und an geschützter Stelle nach draußen stellen
- Neue Gartenideen umsetzen: z.B. Kräuterspirale oder Duftbeet anlegen
- Vogelscheuche bauen; Mini-Teich anlegen

- Tomaten ausgeizen; ausreichend wässern; Urlaubsbewässerung organisieren; Grasschnitt als Mulch ausbringen; Rückschnitt von Lavendel, Salbei, Currykraut nach der Blüte; Komposthaufen umsetzen und wässern
- Zwiebeln und Knoblauch ernten und Zöpfe flechten; Tomaten, Frühkartoffeln und Zucchini ernten; Samenstände abschneiden, trocknen und den Samen in Tütchen verpacken
- Zweijährige Blumen säen; späten Blumenkohl, Brokkoli und Winterlauch pflanzen; Stecklinge wurzeln lassen

AUGUST

- Falter an Dost und Sommerflieder beobachten
- Erdbeerbeet anlegen, Feldsalat säen, Endivien und Zuckerhut pflanzen; Wiesenblumen säen
- Abgetragene Himbeerruten schneiden, Beerensträucher auslichten; Kräuter zurückschneiden; Tomaten auf Krautfäule kontrollieren; Teichpflanzen reduzieren, Algen abfischen
- Brombeeren, Tomaten, Andenbeere, Mangold, Kohl und Zuckermais ernten; Holundersaft und Tomatenmark einkochen; Hagebutten ernten und trocknen

- Laub zusammenrechen und mit Reisig zu Haufen aufschichten; Beerensträucher und Baumscheiben mulchen; Wintergemüse mit Laub schützen; Feldsalat mit Frostschutzvlies abdecken; Rosen anhäufeln; Tannenreisig auf empfindliche Kräuter decken
- Schläuche frostfrei lagern, Wasserleitungen abdrehen und Wasserbehälter leeren; Terrasse aufräumen, Mobiliar unterstellen; Holzvorräte anlegen
- Tür- und Adventskränze basteln
- Neupflanzung von Gehölzen

DEZEMBER

- Bei Wind und Schneefall den Winterschutz überprüfen; Loch im zugefrorenen Teich offen halten; Vogelnistkästen abnehmen und säubern, bei Frost Futterhäuschen für Vögel aufstellen und befüllen
- Töpfe mit Zwiebelblumen ins Haus holen und vortreiben; am 4. Dezember, dem St.-Barbara-Tag, Kirschzweige schneiden und in die Vase stellen, damit sie Weihnachten blühen
- Erfahrungen des Gartenjahres auswerten und Veränderungen planen
- Bratäpfel schmoren, Punsch kochen

Verlockend, aber giftig

Name	Giftige Pflanzenteile	Einstufung
Akelei, Gewöhnliche *Aquilegia vulgaris*	ganze Pflanze, besonders die Samen	giftig
Aronstab, Gefleckter *Arum maculatum*	ganze Pflanze	stark giftig
Blauregen, Glyzine *Wisteria sinensis*	Rinde, Früchte und rohe Samen	giftig
Buchsbaum *Buxus sempervirens*	ganze Pflanze	stark giftig
Busch-Windröschen *Anemone nemorosa*	ganze Pflanze	giftig
Christrose *Helleborus niger*	ganze Pflanze	stark giftig
Eberesche, Vogelbeere *Sorbus aucuparia*	rohe Früchte	schwach giftig
Efeu *Hedera helix*	Blätter und die schwarzen Früchte	giftig
Eibe *Taxus baccata*	ganze Pflanze, außer rotes Fruchtfleisch	stark giftig
Engelstrompete *Brugmansia*-Arten	ganze Pflanze	stark giftig
Feuerbohne (u. a. Gartenbohnen) *Phaseolus coccineus*	rohe Früchte (grüne Bohnen)	giftig
Fingerhut, Roter *Digitalis purpurea*	ganze Pflanze, besonders die Blätter	stark giftig
Goldregen *Laburnum anagyroides*	ganze Pflanze, besonders Blüten/Samen	stark giftig
Hahnenfuß *Ranunculus*-Arten	ganze Pflanze	giftig
Heckenkirsche *Lonicera xylosteum*	Beeren	giftig
Herbst-Zeitlose *Colchicum autumnale*	ganze Pflanze, besonders Knolle/Samen	stark giftig
Holunder, Schwarzer *Sambucus nigra*	Blätter und unreife Beeren	schwach giftig
Kartoffel *Solanum tuberosum*	grüne Knollen, Früchte, Blätter und Keime	giftig
Kirsche, Pfirsich, Aprikose, Pflaume *Prunus*-Arten	im Kern enthaltene Samen (Bittermandel)	giftig
Klatsch-Mohn *Papaver rhoeas*	ganze Pflanze, besonders der Milchsaft	giftig
Krokus *Crocus*-Arten	ganze Pflanze	giftig
Liguster *Ligustrum vulgare*	Beeren, Blätter und Rinde	giftig
Lorbeer-Kirsche *Prunus laurocerasus*	ganze Pflanze, besonders Samen/Blätter	giftig
Lupine *Lupinus*-Arten	ganze Pflanze, besonders die Samen	stark giftig
Maiglöckchen *Convallaria majalis*	ganze Pflanze, besonders Blüten/Früchte	stark giftig
Nachtschatten, Bittersüßer *Solanum dulcamara*	ganze Pflanze, besonders die Beeren	giftig
Narzisse, Gelbe *Narcissus pseudonarcissus*	ganze Pflanze, besonders die Zwiebel	giftig
Oleander *Nerium oleander*	ganze Pflanze	stark giftig
Pfaffenhütchen *Euonymus europaeus*	ganze Pflanze, besonders Früchte/Samen	stark giftig
Rhododendron *Rhododendron*-Arten	ganze Pflanze	giftig
Riesen-Bärenklau, Herkulesstaude *Heracleum mantegazzianum*	ganze Pflanze, besonders der Saft	giftig, hautschädigend bei Kontakt
Rittersporn, Hoher *Delphinium elatum*	Samen	stark giftig
Rizinus, Wunderbaum *Ricinus communis*	Samen	stark giftig
Salomonssiegel *Polygonatum*-Arten	ganze Pflanze, besonders die Beeren	giftig
Schierling, Gefleckter *Conium maculatum*	ganze Pflanze	stark giftig
Schneeball, Gewöhnlicher *Viburnum opulus*	Blätter und rohe Früchte	giftig
Schneebeere *Symhoricarpos albus*	große Mengen an Beeren	giftig
Schneeglöckchen *Galanthus nivalis*	ganze Pflanze, besonders die Zwiebel	giftig
Schwertlilien *Iris*-Arten	Blätter, Stängel und Wurzelstock	giftig
Seidelbast *Daphne mezereum*	ganze Pflanze, besonders Rinde/Samen	stark giftig
Stechpalme *Ilex aquifolium*	Blätter und Früchte	giftig
Thuja, Lebensbaum *Thuja*-Arten	Zweigspitzen, Zapfen, Holz	stark giftig
Tollkirsche *Atropa bella-donna*	ganze Pflanze	stark giftig
Tulpe *Tulipa*-Arten	ganze Pflanze, besonders die Zwiebel	giftig
Wacholder *Juniperus communis*	Triebspitzen, Früchte	giftig
Waldrebe *Clematis*-Arten	ganze Pflanze	giftig
Wandelröschen *Lantana camara*	ganze Pflanze, besonders die Früchte	giftig
Winterling, Kleiner *Eranthis hyemalis*	ganze Pflanze	giftig
Wolfsmilch *Euphorbia*-Arten	Milchsaft in Blättern und Stängeln	stark giftig
Zaunrübe *Bryonia*-Arten	alle Teile, besonders Beeren und Wurzel	giftig

Adressen und Literatur

Adressen

Gartengeräte und Bewässerungssysteme

GARDENA AG
Hans-Lorenser-Str. 40
89079 Ulm
Tel.: 0731-490-0
Internet: www.gardena.com

Klettern und Schaukeln

JAKO-O
Werner-von-Siemens-Str. 23
96476 Bad Rodach
Tel.: 01805-246810
Internet: www.jako-o.de

Infos zur Strickschaukel:
Karl-Ludwig Hepp
Wallstr. 24
79650 Schopfheim

Baumwollbänder für Strickschaukel:
Werksiedlung St. Christoph
Glashütte 1
79400 Kandern
Tel.: 07626-91510
Internet: www.werksiedlung.de

Kletterseile und Netze:
Seil-Frey GmbH
Postfach 50
77949 Ettenheim
Tel.: 07822-89440
Internet: www.seil-frey.de

Infos zur Kletterbaustelle:
Städtische Kita im Vauban
Sigrid Diebold
Rahel-Varnhagen-Str. 23
79100 Freiburg
Email: kita-vauban@stadt.freiburg.de

Internet-Seiten Natur-Bildungsstätten

www.oekostation.de
www.umweltbildung.de

Accessoires

Die Gartengalerie
Wössinger Straße 15
D-75045 Walzbachtal
Tel.: 07203-1805
Internet: www.gartengalerie.de

Hesperiden
In der Schmalau 4
90427 Nürnberg
Tel.: 0911-303111
www.hesperiden.de

Pflanzen und Samen

Staudengärtnerei Gaissmayer
Dieter Gaissmayer
Jungviehweide 3
89257 Illertissen
Tel.: 07303-7258
E-Mail: info@staudengaissmayer.de
Internet: www.staudengaissmayer.de

Gärtner Pötschke GmbH
Beuthener Str. 4
41564 Kaarst
Tel.: 02131-793111
www.gaertner-poetschke.de

Syringa
Duft-, Heil- und Würzkräuter
Dipl.-Biol. Bernd Dittrich
Bachstraße 7
D-78247 Hilzingen-Binningen
Tel.: 07739-1452
Internet: www.syringa-samen.de

Wildtomaten u. a. Tomatensorten:
Sigemar Gruno
Hofwiesenstr. 11
73453 Abtsgmünd
Liste gegen Freiumschlag

Weidenvertrieb:
Schardt KG
Flechtmaterial
Neuenseerstr. 3
96247 Michelau
Tel: 09571-980070
www.schardt-kg.de

Nisthilfen, Becherlupen

Landesbund für Vogelschutz (LBV) e. V.
Eisvogelweg 1
91161 Hilpoltstein
Tel.: 09174-4775-0
Internet: www.lbv.de

Schwegler GmbH
Vogel- und Naturschutzprodukte
Heinkelstr. 35
73614 Schorndorf
www.schwegler-natur.de

Internet-Seiten rund um die Sicherheit

www.das-sichere-haus.de
www.grosse-schuetzen-kleine.at
www.kindersicherheit.de
www.giftnotruf.de

Literatur

Bücher, die weiterhelfen

Heide Bergmann: Mein kleiner bunter Garten. Christophorus Verlag, Freiburg

Joseph Cornell: Mit Kindern die Natur erleben. Verlag an der Ruhr, Mülheim

Joachim Mayer: Gartenjahr für Einsteiger. Gräfe und Unzer, München

Herta Simon: Das große GU Gartenbuch. Gräfe und Unzer, München

Herta Simon: Gärten gestalten. Gräfe und Unzer, München

Zeitschriften

mein schöner Garten
Burda Verlag
77605 Offenburg

Manfred Mistkäfer Magazin
BUNDJugend
www.naturtagebuch.de

Register

Halbfett gesetzte Zahlen verweisen auf Abbildungen.

GU PFLANZENRATGEBER

So werden Gartenträume wahr

ISBN 3-7742-6111-3
64 Seiten
7,90 € [D]

ISBN 3-7742-6108-3
64 Seiten
7,90 € [D]

ISBN 3-7742-6681-6
168 Seiten
16,90 € [D]

ISBN 3-7742-5381-1
160 Seiten
16,90 € [D]

ISBN 3-7742-6145-8
96 Seiten
12,90 € [D]

Ob kleine oder große Gärtner – mit gärtnerischem Know-how, vielen Gestaltungsideen und einer Fülle von Pflanzen verwirklicht jeder sein eigenes Stück vom Gartenglück.

WEITERE LIEFERBARE TITEL BEI GU:

- Zimmerpflanzen
- Gärten gestalten
- Balkon & Kübelpflanzen

GU

Willkommen im Leben.

Die Autorin
Heide Bergmann ist Lehrerin und Gärtnerin und lebt in Freiburg. Sie ist Mitbegründerin der Ökostation des Bund für Umwelt und Naturschutz (BUND) und seit 1987 im Leitungsteam tätig. Sie hält Seminare und Vorträge und schreibt Bücher und Beiträge für Fachzeitschriften. Ihr Herz schlägt für die Natur und das Gärtnern mit Kindern.

Die Fotografen
Jutta Schneider und Michael Will sind als freie Fotojournalisten tätig und veröffentlichen ihre Bilder in Kalendern, Zeitschriften und Büchern.

Bildnachweis
Alle Fotos von Schneider/Will mit Ausnahme von:
GU/Bornemann: 53 mi., 53 u., 133 u.; Borstell: 22 mi., 25 re., 63 o.; Fischer: 78 u.; Floramedia: 79 o.; Gardena: 13 u., 31 o. re., 48/49, 72 li., 127 re., 135; GBA/Nichols: 78 o.; GBA/Wothe: 103 mi.; Hecker: 99 o.; Herwig: 14 u.; GU/Jahreiß/Wunderlich: 9, 51 o., 67, 68 li., 87, 102 o., 130 o. li.; Nickig: 19 o., 20 o., 23 mi., 23 u., 31 u., 37 o., 44 li., 44 u., 45 u., 46 li., 55 u., 64 mi., 78 mi., 79 u., 85 u., 86 u.; Object Series: U4 o.; Pforr: 37 u., 47 u., 85 mi., 98 mi., 98 u., 99 u., 102 u., 103 o., 103 u.; Redeleit: 19 u., 21 o., 22 o., 63 mi., 65 mi., 79 mi.; Reinhard: 22 u., 36 o., 64 u., 68 mi., 69 u., 98 o., 100 o., 102 mi., 104 o., 131 u.; Wiener: 12 mi., 31 o. li.

Illustrationen von Birgit Dauenhauer.

Dank
Verlag, Autorin und Fotografen danken der Firma Gardena, Ulm, für die freundliche Unterstützung.

Die Autorin dankt der Ökostation Freiburg des BUND für die Nutzung des Gartens und der vielen Materialien und Ideen vom »Grünen Klassenzimmer«. Besonderen Dank an Werner Klenk für die wertvolle Inspiration und tatkräftige Unterstützung. Ihm ist dieses Buch gewidmet.

Die Fotografen danken allen Kindern, die mit Feuereifer bei der Fotoproduktion dabei waren, besonders ihrer Nichte Kenia, deren Bruder Julius und den Eltern Tina und Andreas.

Herzlichen Dank auch den Nachbarskindern Melanie und Lilly, Josephine, Paula, Julia, Jasmin, Niklas, Tabea, Lorenz, Edith, Anton, Ferdinand, Joel, Noemi, Gabriel und ihren Familien, sowie den vielen Freunden und Verwandten: Lea und David, Jakop, Anselm, Charlotte, Maren, Jana, Laura, Wanda, Lara, Melissa, Julian und Marie-Luise, Jonathan, Lani, Sarah, Florian, Nike und Kleo. Unverzichtbar war die freundschaftliche Zusammenarbeit mit Heide Bergmann von der Ökostation und die Mitarbeit der Kinder der KiTa im Vauban in Freiburg: Björn, Jule, Niki, Alexander, Pablo, Noah, Verena, Freia, Victoria, Maja und Jacob mit ihrer Leiterin Sigrid Diebold sowie Jonathan und Tim im Kindergarten in Gundelfingen. Familie Hepp im Waldorfkindergarten in Fahrnau und ihrer Tochter Julia möchten wir ebenfalls danken. Ihr verdanken wir die hübsche Idee mit der Strickschaukel.

Impressum

Redaktion: Angelika Holdau
Lektorat: Christina Freiberg
Bildredaktion: Renate Wiener
Umschlaggestaltung und Layout: independent Medien-Design, München
Produktion: Susanne Mühldorfer
Satz: Bernd Walser, München
Reproduktion: Fotolito Longo, Bozen
Druck: Appl, Wemding
Bindung: Conzella, Pfarrkirchen
Printed in Germany

ISBN 3-7742-6766-9

Auflage	4	3	2	1
Jahr	2008	2007	2006	2005

GRÄFE UND UNZER

Ein Unternehmen der
GANSKE VERLAGSGRUPPE

Das Original mit Garantie

Ihre Meinung ist uns wichtig. Deshalb möchten wir Ihre Kritik, gerne aber auch Ihr Lob erfahren. Um als führender Ratgeberverlag für Sie noch besser zu werden. Darum: Schreiben Sie uns! Wir freuen uns auf Ihre Post und wünschen Ihnen viel Spaß mit Ihrem GU-Ratgeber.

Unsere Garantie:
Sollte ein GU-Ratgeber einmal nicht Ihren Vorstellungen entsprechen und einen Fehler enthalten, schicken Sie uns bitte das Buch mit einem kleinen Hinweis und der Quittung innerhalb von sechs Monaten nach dem Kauf zurück. Wir tauschen Ihnen den GU-Ratgeber gegen einen anderen zum gleichen oder ähnlichen Thema um.

GRÄFE UND UNZER VERLAG
Redaktion Haus und Garten
Stichwort: Gartenspaß für Kinder
Postfach 86 03 66
D-81630 München
Fax: 089/41981-113
E-mail: leserservice@graefe-und-unzer.de

Wichtige Hinweise
Alle Ideen, Anregungen und Anleitungen in diesem Buch gründen sich auf die Erfahrungen der Autorin. Sie sind nach bestem Wissen erstellt und mit größtmöglicher Sorgfalt geprüft. Dennoch können nur Sie selbst entscheiden, welche der hier gemachten Vorschläge und Praxistipps Sie umsetzen möchten und für Sie hilfreich sind. Weder Autorin noch Verlag können für eventuelle Nachteile oder Schäden, die aus den im Buch gegebenen praktischen Hinweisen resultieren, eine Haftung übernehmen.